走进大自然

木本植物

王艳⊙编写

吉林出版集团股份有限公司

图书在版编目（CIP）数据

走进大自然．木本植物 / 王艳编写．-- 长春 ：吉林出版集团股份有限公司，2013.5

ISBN 978-7-5534-1607-6

Ⅰ．①走… Ⅱ．①王… Ⅲ．①自然科学－少儿读物②木本植物－少儿读物 Ⅳ．①N49-49②Q949.4-49

中国版本图书馆CIP数据核字(2013)第062669号

走进大自然·木本植物
ZOUJIN DAZIRAN MUBEN ZHIWU

编　写　王　艳
策　划　刘　野
责任编辑　李婷婷
封面设计　贝　尔
开　本　680mm×940mm　1/16
字　数　100千
印　张　8
版　次　2013年7月　第1版
印　次　2018年5月　第4次印刷

出　版　吉林出版集团股份有限公司
发　行　吉林出版集团股份有限公司
地　址　长春市人民大街4646号
　　　　邮编：130021
电　话　总编办：0431-88029858
　　　　发行科：0431-88029836
邮　箱　SXWH00110@163.com
印　刷　湖北金海印务有限公司

书　号　ISBN 978-7-5534-1607-6
定　价　25.80元

目　　录

Contents

植物界基本类群的划分

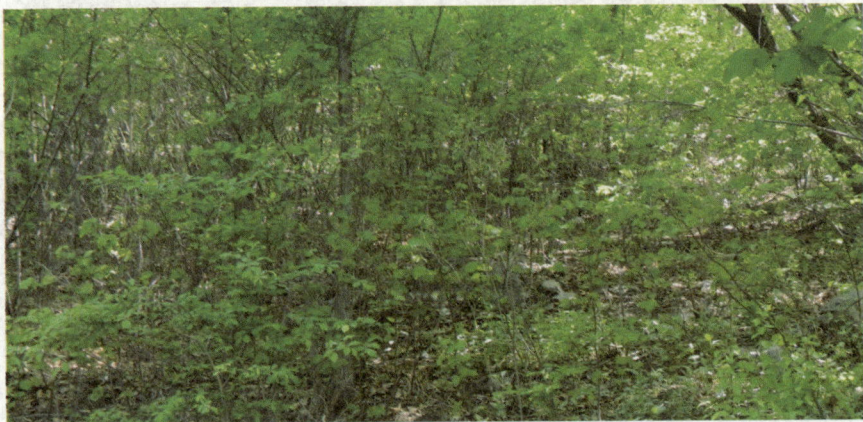

树林

    在地球上，自从生命产生至今，经历了近35亿年的漫长发展与进化历程，形成了约200万种的现存生物，其中属于植物界的生物有30多万种。

    在距今35亿年前的太古地层中，考古学家发现了菌类植物和藻类植物的化石。在距今4亿多年前的志留纪，具有真正维管束的植物出现，植物摆脱了水域的束缚，将生态领域扩展到陆地，为大地披上了绿装，也促进了原始大气中氧气的循环和积累。

    植物界包括藻类植物、苔藓植物、蕨类植物、裸子植物和被子植物等。绿色植物借光合作用以水、二氧化碳和无机盐等无机物，制造有机物，并释放出氧。非绿色植物分解现成的有机物，释放二氧化碳和水。有些植物属于寄生类型，依靠寄主生存。植物的活动及其产物同人类的关系极其密切，植物是人类生存必不可少的一部分。

菌类植物

菌类植物结构简单，一般不含叶绿素，不能进行光合作用，多数腐生或附生。菌丝是菌类植物在营养生长阶段的营养体。在繁殖阶段，菌类植物产生孢子进行繁殖，具有有性繁殖和无性繁殖两种方式。

藻类植物

藻类植物是简单、低等的植物，含有叶绿素，能进行光合作用。个体大小悬殊，最小的藻类植物用肉眼是看不到的，最大的藻类植物长达60多米。藻类植物可分为浮游藻类、漂浮藻类和底栖藻类。

裸子植物

裸子植物是原始、低等的种子植物，多数为乔木，少数为灌木或藤本，最早出现于古生代。它们的胚珠外面没有子房壁，没有果皮，种子是裸露的，因此称为"裸子植物"。

秋天的树木

被子植物的定义

单子叶植物

被子植物是现代植物界中最高级、最繁盛和分布最广的一个类群，其种类繁多，大约有30万种。多数被子植物的胚珠被心皮包被、种子被果实包被，因此得名。它的胚珠生于子房内，胚乳在受精后才开始形成，具真正的花，花主要由雌蕊和雄蕊组成，有花萼和花冠。其花粉粒一般停留在柱头上，不能直接和胚珠接触。被子植物的特征：具有真正的花，花由花萼、花冠、雌蕊群和雄蕊群四个部分组成；雌蕊由心皮组成，胚珠包在子房内，从而得到子房的保护；具双受精现象；孢子体高度发达，占绝对优势，木质部中有导管和纤维，韧皮部中有筛管与伴胞；两性的雌配子体和雄配子体分别简化为花粉（粒）与胚囊，这是被子植物对陆地环境适应和进化的一种表现。被子植物分为双子叶植物纲和单子叶植物纲。

被子植物在白垩纪晚期开始爆发式地繁盛，并迅速统治了植物界。出现于古近纪时的草本植物，生活周期变短、结构趋向极度简化，这使得被子植物迅速取代了裸子植物。经过第四纪冰期后，被子植物的优越性进一步显现出来，它能够适应大陆上各种各样的环境，并在各种条件下发展出很多新的类型。哺乳类和昆虫类伴随着被子植物协同演化。

孢 子 体

孢子体是指植物在世代交替的生活史中，产生的孢子和具有2倍染色体数的植物体。苔藓植物、蕨类植物和种子植物都具有孢子体，苔藓植物的孢子体不能独立生活，蕨类植物的孢子体能独立生活。

双子叶植物

双子叶植物是被子植物的两纲之一，草本和木本都有，种子体内具有2枚子叶，主根发达。常见的双子叶植物包括水稻、苹果、马铃薯、黄瓜、甜瓜、大豆等。

单子叶植物

单子叶植物是被子植物的两纲之一，多数为草本，极少数为木本，种子体内具有1枚顶生子叶，主根不发达，须根多数。常见的单子叶植物包括百合、竹、莎草等。

被子植物

凤凰木

　　凤凰木，又名凤凰树、火树、红花楹、影树、金凤，属于苏木科凤凰木属，为落叶乔木，原产于非洲，树冠平展成伞形，花朵呈鲜红色或橙色带黄晕，叶片呈鲜绿色，极具观赏价值，但花和种子有毒，误食中毒后有头晕、流涎、腹胀、腹痛、腹泻等症状。

　　凤凰木树高10～20米，胸径1米，树皮粗糙，呈灰褐色；根部具有根瘤菌；分枝多而开展，小枝常被短绒毛并有明显的皮孔。叶片呈青绿色，为二回羽状复叶，对生，长20～60厘米，有羽片15～20对，羽片长5～10厘米，有小叶25～28对；小叶密生，细小，长椭圆形，全缘，长4～8毫米，两面被绢毛，顶端钝。伞房式总状花序顶生和腋生；花大，直径7～10厘米，花萼和花瓣皆为5枚，聚生成簇，花呈红色，连花萼内侧呈血红色，4枚花瓣伸展约8厘米长，第五枚花瓣直立、稍大、有黄及白的

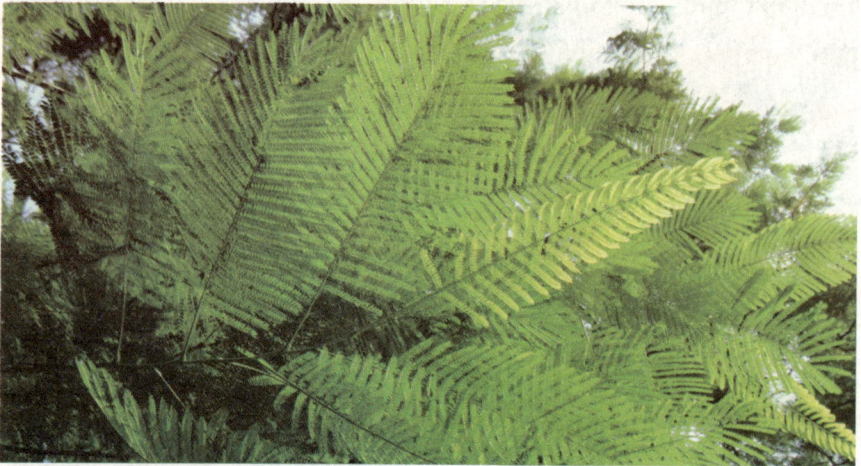

凤凰木的叶

斑点；雄蕊呈红色；花萼腹面呈深红色，背面呈绿色；花冠呈鲜红色至橙红色，具黄色斑。荚果扁平，长30～60厘米，成熟后呈深褐色。种子细小，种皮有斑纹，有毒。花期5～7月，果期11月。

叶如飞凰之羽，花若丹凤之冠

凤凰木是热带地区经常栽种的树种之一，被誉为色彩最鲜艳的树木之一，具有极高的观赏价值，适合做观赏树和行道树。木材轻软，有弹性，木纹特殊，适合做小型家具。

根 瘤 菌

根瘤菌能与豆科植物共生，能固定空气中的氮。豆科植物为根瘤菌提供必需的营养物质，根瘤菌为豆科植物提供氮素营养。根瘤菌进入豆科植物的根后，形成根瘤，根瘤具有固氮能力。

羽状复叶

复叶是指在一个叶柄上生有多枚小叶片的叶。羽状复叶是指小叶在叶轴两侧排成羽毛状。根据小叶数目，复叶分为单数和双数羽状复叶；根据叶轴分枝的数目分为一回、二回、三回和多回羽状复叶。

凤凰木

木本植物的定义

　　木本植物的茎能够不断加粗，这种茎称为"木质茎"，具有木质茎的植物称为"木本植物"。木本植物是草本植物的对应词。其特征为：木质部发达，茎坚硬，为多年生植物。

　　木本植物的茎为什么能够变粗呢? 这是因为木本植物的维管束内具有维管束形成层，形成层的细胞具有分生能力，每年可向内产生新的木质部、向外产生新的韧皮部，木本植物的茎就这样变粗了。每年产生的木质部要比韧皮部多，较老的韧皮部会被新生的木质部和韧皮部挤破，进而剥落，这就形成了年轮。年轮出现在横断面上好像一个（或几个）轮，围绕着过去产生的一些轮。除了木本植物，鱼类的鳞片上也会出现年轮。木本植物属于多年生植物，可分为乔木和灌木两类。

年轮

维 管 束

维管束是指维管植物的叶和茎中的束状结构，由初生木质部和初生韧皮部组成。维管系统由维管束连接而成，具有输导和支持植物体的功能。叶脉就是分布于叶上的维管束。

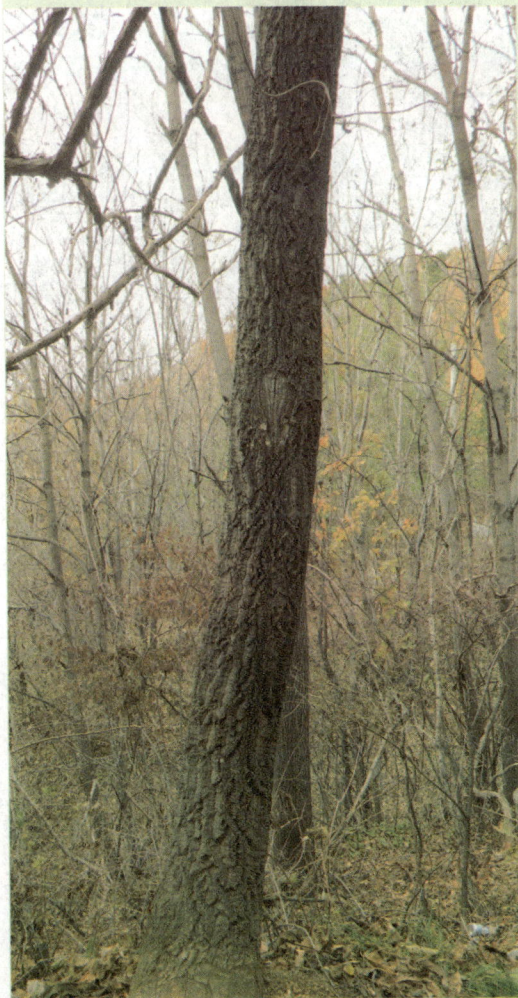

年 轮

年轮是指每一个生长季长成的生长层，位于茎或根次生木质部中。气候变化导致植物在一个生长季生长出一个以上的生长层，称为"假年轮"。根据年轮的数量，能够推算出树木的年龄。

木 质 部

木质部是维管植物的运输组织，由导管、管胞、木射线、薄壁组织和木纤维构成，能够将根吸收的水分和溶解于水里面的养分向上运输，以供其他器官组织使用，也有支持植物体的作用。

木本植物的树干

花　椒

野花椒

花椒，属于芸香科花椒属，为落叶灌木或小乔木，可孤植，也可作防护刺篱。果皮可作为调味料，并可提取芳香油，种子可食用，又可加工制作肥皂。花椒是中国人民几乎每天都会吃到的调料品，而且可以入药，具有温中散寒、除湿止痛等功效，可以用于治疗虚寒、脘腹冷痛、寒湿泄泻、风寒湿痹等症。

花椒植株高2～4米，茎通常有增大的皮刺。皮刺略向上生，基部扁而阔，长5～16毫米。单数羽状复叶，互生；叶轴狭翅，背面常着生向上的小皮刺；小叶5～9片，对生，卵形或卵状长圆形，长1.5～7厘米，宽1～3厘米，先端急尖，基部广楔形，顶端小叶较大，边缘有疏且浅的锯齿，齿缝处着生透明腺点，下面中脉基部两侧通常密生长柔毛。聚伞状圆锥花序顶生，花轴被短柔毛；花单性，雌雄同株，花被4～8片；雄花呈黄绿色，雄蕊4～8枚，有退化子房；子房有腺点，无柄，花柱略外弯，柱头头状。果实球形，呈红色至紫红色，密生疣状突起的腺体。种子圆柱形，呈黑色，有光泽。花期6～7月，果期9～10月。

大　料

　　大料，又名八角，属于木兰科木兰属，聚合果呈八角形，具有强烈的香气，是中餐常用的调味料之一，全果或磨粉使用。植株为常绿乔木，高10～20米，主要分布于中国南部地区。

胡　椒

　　胡椒，属于胡椒科胡椒属。种子含有特殊的香气，具有刺激性，是重要的调味品之一。胡椒主要有黑胡椒和白胡椒两种类型。植物为攀援藤本，主要分布在热带地区。

调味料

麻　椒

　　麻椒是花椒的一种，特产于中国四川和贵州等地区，种子颜色比花椒浅，成熟后为深绿色，味道比花椒重，含有蛋白质、维生素、微量元素等营养物质，在川菜中具有重要地位。

乔 木

　　乔木是指树身高大，高度在5米以上的树木，其独立的主干由根部发生，主干明显，分枝部位较高，树干和树冠有明显的区别，如木棉、松、玉兰等。

　　乔木按主干高度分为伟乔、大乔、中乔、小乔。伟乔是指主干高度在30米以上的乔木。大乔是指主干高度在21～30米的乔木。中乔是指主干高度在11～20米的乔木。小乔是指主干高度在5～10米的乔木。按冬季和旱季是否落叶，乔木分为常绿乔木和落叶乔木两类。常绿乔木是指终年具有绿叶的乔木，叶的寿命为2～3年或更长，并且每年都有新叶长出，在新叶长出的

时候，部分旧叶脱落。这种乔木是绿化的首选植物，其园林绿化价值非常高，如松。落叶乔木是指叶在每年秋冬季节或干旱季节全部脱落的乔木，一般生活在温带，如银杏、水杉、枫、梧桐、山楂、梨、苹果等。这种乔木是中国北方城市绿化的主要植物。

落叶是植物的一种适应行为，能够帮助植物减少蒸腾、适应寒冷和干旱等不适环境。这一习性是植物在长期进化过程中形成的。一般在短日照的条件下，树木容易落叶。落叶是由短日照引起的，其内部生长素减少，脱落酸增加，叶柄产生离层从而导致落叶。

蒸腾作用

蒸腾作用是指水分从植物体内以气体状态散失到体外的现象，是水分吸收和运转的动力。它促进植物体内物质运输，有利于气体交换。它可分为皮孔蒸腾和气孔蒸腾两类。

生 长 素

生长素是植物激素的一种，在植物体内能够促进植物生长、促进器官和组织分化、影响植物性别分化。它是最早发现的植物激素。生长素主要是指吲哚乙酸。吲哚乙醛、吲哚乙醇等也具有吲哚乙酸的活性。

脱 落 酸

脱落酸是植物激素的一种，在植物体内能够抑制植物生长、影响植物开花、加速植物器官脱落、促进植物休眠、加速植物衰老。脱落酸分布广泛，存在于芽、叶、果实、种子和块茎等植物器官中。

广玉兰

　　广玉兰，又名荷花玉兰、洋玉兰、大花玉兰，属于木兰科木兰属，为常绿大乔木，原产于北美洲。植株根系深，抗风，抗污染，较耐寒，能经受短期的−19℃的低温。花蕾可入药，具有祛风散寒、行气止痛等功效，可用于治疗外感风寒、头痛鼻塞、脘腹胀痛、呕吐腹泻、高血压、偏头痛等。广玉兰的树姿雄伟壮丽，叶大荫浓，花似荷花，芳香馥郁，是优良的园林绿化观赏树种，适合孤植、丛植或成排种植。广玉兰还耐烟、抗风，对二氧化硫等有毒气体有较强的抗性，是净化空气、保护环境的优良树种。花、叶均可入药或提取香精油。

　　广玉兰高20～30米，树冠圆锥形。叶厚革质，椭圆形或倒卵状椭圆形，表面呈深绿色、有光泽，背面密被锈色绒毛，有光泽，边缘微反卷，叶长10～20厘米。花单生于枝顶，花大，

广玉兰

荷花状，呈白色，有芳香，直径为20～30厘米，通常为6瓣。聚合果圆柱形，密被褐色或灰黄色绒毛。蓇葖果开裂，种子外露，呈红色。花期5～6月，果期9～10月。

花　蕾

　　花蕾，俗称为"花骨朵儿"，是指花芽发育接近开花的状态。在植物生长的过程中，花蕾期是一个重要的时期。花是植物的生殖器官之一，被子植物的花包括花梗、花托、花萼、花冠、雄蕊群和雌蕊群等部分。

香　精　油

　　香精油是指从植物的花、叶、茎、根和果实等器官中，提取的挥发性芳香物质，接触空气后非常容易挥发。能够提取香精油的植物包括玫瑰、薰衣草、柑橘、柠檬、茶树、广玉兰、薄荷等。

蓇　葖　果

　　蓇葖果是一种单果，属于干果，由单雌蕊或离生单雌蕊的子房发育而来，果实成熟时果皮干燥。果实为蓇葖果的植物主要包括牡丹、飞燕草、木兰、芍药、八角、淫羊藿等。

花蕾

梓 树

梓树，属于紫葳科梓属，为落叶乔木，树体端正，冠幅开展，叶大荫浓，春夏黄花满树，秋冬荚果悬挂，是极具观赏价值的树种。嫩叶可食；根皮或树皮、果实、木材、树叶均可入药；种子具有利尿的功效；果实具有利尿、消肿等功效。植株喜光，稍耐阴，耐寒，适生于温带地区，在暖热气候下生长不良，深根性，喜深厚肥沃、湿润土壤，不耐干旱和瘠薄，能耐轻盐碱土，抗污染性较强。

梓树高达15～20米，树冠倒卵形或椭圆形；树皮呈褐色或黄灰色，纵裂或有薄片剥落。嫩枝和叶柄被毛并有黏质；叶对生或轮生，广卵形或圆形，叶背基部脉腋具3～6个紫色腺斑。花序为圆锥花序，花冠呈淡黄色或黄白色，内有紫色斑点和两条黄色条纹。果实细长如豇豆，经久不落。种子扁平，两端生有丝状毛丛。花期5～6月，果熟期8～9月。

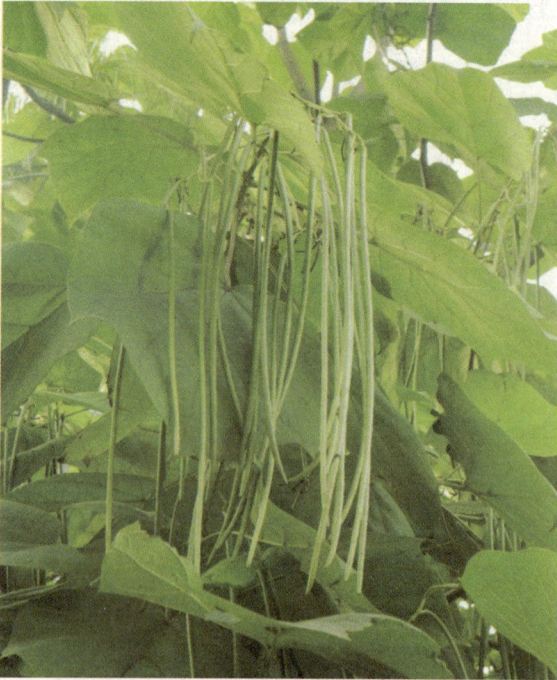

梓树的果实

荚　果

　　荚果是一种单果，属于干果，由单雌蕊的上位子房发育而成，是豆科植物特有的果实类型，果实成熟后沿背缝线和腹缝线开裂。果实为荚果的植物包括大豆、豌豆、花生、含羞草、苜蓿等。

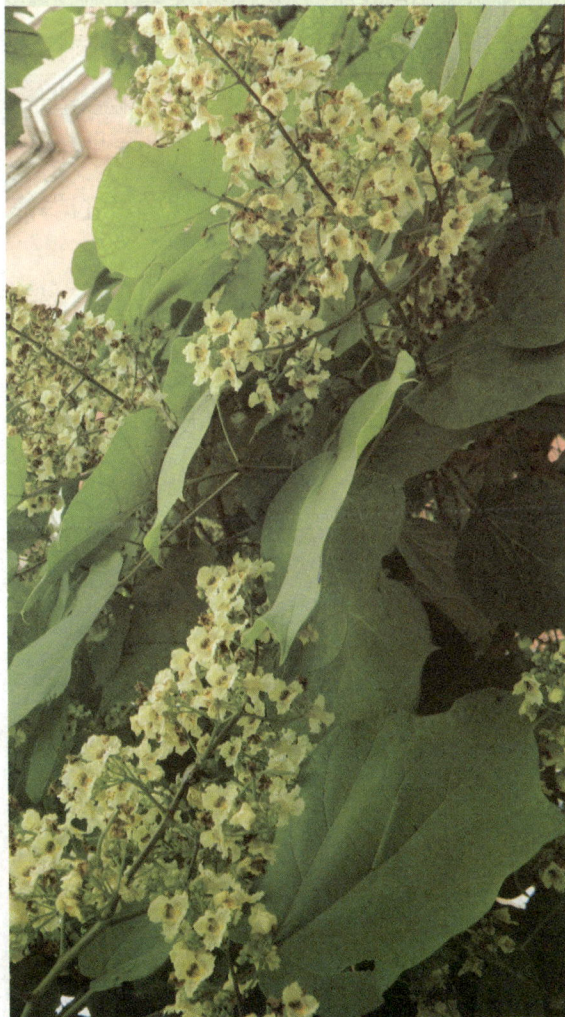

梓树的果实

豇　豆

　　豇豆，俗称为"长豆"，为一年生草本，缠绕生长，属于豆科豇豆属。豇豆分为饭豇豆和长豇豆两种类型，在中国的栽培历史悠久。果实为荚果，线型，长达40厘米，下垂，可以食用。

梓　白　皮

　　梓白皮是指梓树根皮或树皮的韧皮部，是重要的中药材之一，具有清热、解毒、利湿、杀虫、止痒、止吐等功效，可治疗湿疹、胃逆呕吐等症，全年均可采摘，晒干便可入药。

灌　木

　　灌木是指高度在5米以下的树木，一般比较矮小，没有明显的主干，从茎的基部开始丛生出分枝，一般为阔叶植物，如月季、木槿等。灌木是构成地面植被的主要植物类型，能够形成灌木林，具有较高的生态价值和经济价值，可以作为饲料、肥料、工业原料等。该类植物也是园林绿化的重要植物类型，灌木密集栽植造景是园林设计的重要方法，能够代替草坪作为地被覆盖植物、代替花草组合成图案，还能够体现植物的群体美，起到丰富景观的作用。

　　按冬季和旱季是否落叶，灌木分为常绿灌木和落叶灌木两类。还有一类亚灌木植物，越冬时地面部分枯死，但根部仍然存活，第二年能够继续萌发新枝，其茎的基部木质化，上部为草质，如牡丹等植物。

灌木

阔叶植物

阔叶植物是与针叶植物相对而言的一种植物类型。这类植物叶片较宽阔，扁平，叶脉呈网状。阔叶植物分为常绿和落叶两类，主要包括榆树、柳树、广玉兰、杨树、樟树、桦树、槐树、枫树、榕树等植物。

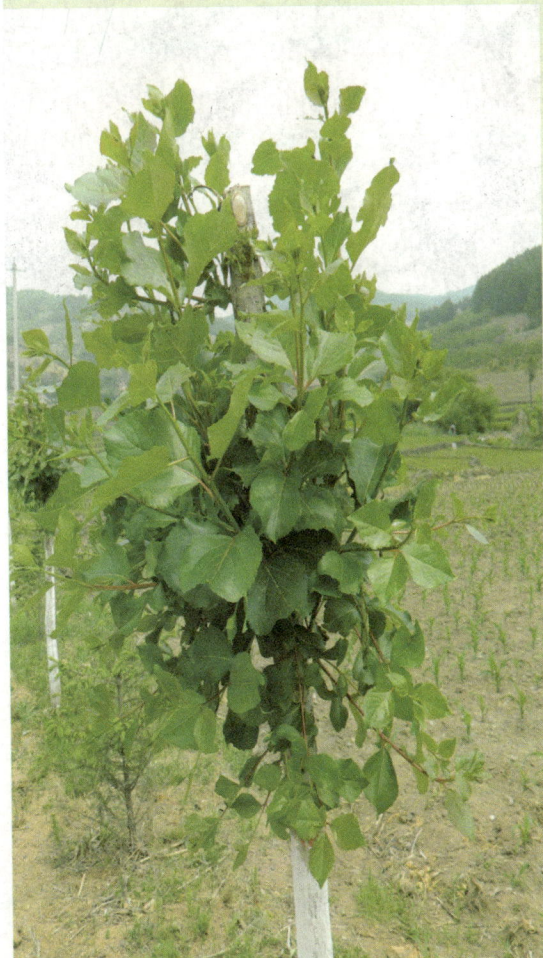

杨树

铺 地 柏

铺地柏，又名"偃柏"，为常绿匍匐灌木，属于柏科圆柏属，枝干贴地面伸展，是制作盆景的优良材料之一，有银枝和金枝等栽培变种，是重要的园林栽培树种。

沙 棘

沙棘为落叶灌木，属于胡颓子科沙棘属。植株耐旱，耐盐碱，是中国华北、西北、西南等地区重要的水土保持植物之一。根、茎、叶、花和果实均可食用，均有较高的食用和药用价值。

珍珠绣线菊

珍珠绣线菊

珍珠绣线菊，又名珍珠花、珍珠梅、喷雪花，属于蔷薇科珍珠梅属，为落叶灌木，原产于亚洲北部。因其开花时花朵密集，一片雪白，因此得名"喷雪花"。其叶形似柳叶，花白如雪，又称为"雪柳"。 珍珠绣线菊株丛丰满，枝叶清秀，贵在缺花的盛夏开出清雅的白花而且花期很长，对多种有害细菌具有杀灭或抑制作用，适宜在庭院单株栽植。植株具有耐阴的特性，可以作为北方城市高楼大厦及各类建筑物北侧阴面绿化的花灌木树种。珍珠绣线菊的茎皮、枝和果穗可以入药，具有活血散瘀、消肿止痛等功效，可用于治疗骨折、跌打损伤、关节扭伤、风湿性关节炎等症，但有毒，作为药用，需要遵医嘱。植株喜阳光并具有很强的耐阴性，耐寒、耐湿又耐旱。

珍珠绣线菊植株高可达2米以上，丛生分枝，枝条细长、开展，呈曲弧形；小枝幼时呈褐色，被短柔毛，老时呈灰褐色，无毛，树皮剥落。单叶互生，叶披针形，长2.5～3厘米，先端渐尖，基部窄楔形，边缘有钝锯齿，叶面无毛，叶柄短或近无。伞形花序由3～5朵小花组成，呈白色，小且密集，无总梗；花朵着生于细软的枝条中上部，构成一条白线。

杀菌的植物

有一些绿色植物能够抑制或杀死室内的细菌，包括玫瑰、紫罗兰、茉莉等。另外，能吸收有毒物质的植物包括芦荟、吊兰、一叶兰、龟背竹、月季、石榴、米兰等；能驱虫的植物包括天竺葵等。

金　橘

金橘，为常绿灌木或小乔木，属于芸香科金橘属，是著名的观果植物，也是中国南方地区重要的年庆花卉之一。果实呈金黄色，可以食用，生食或制作蜜饯，果皮可以入药，具有止咳的作用。

桂　花

桂花为常绿灌木或小乔木，属于木樨科木樨属。桂花的花呈黄白色、橙红色、乳白色等，香味甜郁。干燥的花瓣可以用热水冲泡，作为香草茶饮用。果实可以入药，具有生津化痰、平肝暖胃的功效。

月季

落叶木本植物的年生长周期

落叶木本植物的年生长周期可分为生长期和休眠期。植物从春季开始萌芽生长，至秋季落叶前为生长期，成年落叶木本植物的生长期表现为营养生长和生殖生长两个方面。这些植物在落叶后，至次年萌芽前，为适应冬季低温等不利的环境条件，处于休眠状态，这段时间称为"休眠期"。在生长期和休眠期之间，该类植物会从生长转入休眠期或从休眠转入生长期，这是两个过渡时期，持续的时间很长，也很重要。在这两个时期中，某些植物的抗寒性、抗旱性和变动较大的外界条件之间，常出现因不相适应而发生危害的情况。落叶木本植物的休眠的解除，通常以芽的萌发作为标志，而生理活动会更早。植物由休眠转入生长，要求一定的温度、水分和营养物质。在生长期间，植物随季节变化，会产生极为明显的变化，如萌芽、抽枝展叶或开花、结实等，并形成许多新器官。秋季叶片

秋天的树林

自然脱落是落叶木本植物进入休眠的重要标志。秋季日照变短是导致树木落叶，进入休眠的主要因素，其次是气温的降低。

营养生长

营养生长是指绿色植物的根、茎和叶等营养器官的生长，受植物内在因素和外界环境的影响。种子萌发是营养生长的开始。栽培植物的营养生长能够影响作物的产量。

生殖生长

生殖生长是指绿色植物的花、果实和种子等生殖器官的生长，包括开花、授粉、受精、果实形成和种子形成。花芽形成是生殖生长的开始。生殖生长所需要的营养成分绝大部分来源于营养生长。

植物生理活动

植物生理活动主要是指植物的物质代谢、能量转化、遗传信息传递、生理变异等，包括光合作用、新陈代谢、呼吸作用、蒸腾作用、有机物质的运输、矿物质营养的吸收、植物衰老等。

落叶木本植物

休 眠

落叶休眠是温带木本植物在进化过程中对冬季低温环境形成的一种适应性行为。如果没有这种特性，正在生长着的幼嫩组织，就会受早霜的危害，难以越冬，最终导致植物死亡。

根据休眠状态，休眠可分为自然休眠和被迫休眠。自然休眠，又称为"深休眠"或"熟休眠"，是由植物生理过程所引起的或由树木遗传性所决定的。落叶乔木进入自然休眠后，要在一定的低温条件下经过一段时间后才能结束休眠。在未通过自然休眠时，即使给予适合植物生长的外界条件，植物也不能萌芽生长。原产于寒温带的落叶乔木，通过自然休眠期的温度为0℃～10℃；原产于暖温带的落叶乔木，通过自然休眠期所需的温度稍高。在通过自然休眠后，如果外界缺

春天的梨树

少生长所需的必要条件，则落叶乔木仍不能生长，而进入被迫休眠状态。只有等到条件合适了，落叶乔木才会开始生长。在此期间，只要遇到持续的温暖天气，植物就会开始生长。

苹　果

苹果是栽培最广泛的果树品种之一，为落叶乔木，属于蔷薇科苹果属。苹果的果实为扁球形，两端凹陷，味道甘香，含有丰富的营养物质，是重要的水果品种之一，果期为7～10月。

落叶休眠

梨

梨为落叶乔木，属于蔷薇科梨属。中国是梨的发源地之一，白梨和秋子梨等都原产中国。梨的栽培在中国历史悠久，在《齐民要术》等古籍中就有记载。梨的果实多汁，有清热、解毒等功效。

橘

橘为落叶乔木，属于芸香科柑橘属。橘的果实皮薄多汁，酸甜可口，含有大量的维生素C和其他抗氧化物质，具有润肺、开胃等功效，是秋冬季重要的水果品种之一。

常绿木本植物的年生长周期

　　常绿木本植物的叶的寿命较长，多在一年以上。该类植物每年部分老叶会脱落，新叶会生长出来，因此，终年连续有绿叶存在，并不是叶终年不落。

　　生长在北方的常绿针叶植物，每年发枝一次以上。松属有些植物先长枝，后长针叶，其果实的发育可能会是跨年的。生长在热带和亚热带的常绿阔叶植物，有些植物在一年中多次抽梢，如柑橘可有春梢、秋梢、夏梢和冬梢；有些植物一年内能多次开花和结果，甚至抽一次梢结一次果，如金橘；有些植物在同一株植株上可以同时看见有抽梢、开花和结果等重叠交错的情况；有些树木的果实发育期很长，需要跨年才能成熟。在赤道附近没有明显的四季之分，终年有雨，植物全年可生长而没有休眠期，但也保持着一定的生长节奏。在离赤道稍远的季雨林地区，有明显的干季和湿季之分，多数植物在雨季生长和

针叶植物

开花，在干季落叶，因高温干旱而被迫休眠。生长在热带高海拔地区的常绿阔叶植物，受低温影响而被迫休眠。

针叶植物

针叶植物一般是指裸子植物。裸子植物的种子裸露，树干通直，树冠圆锥形。针叶大多数常绿，针状、线状或鳞片状。常见针叶植物包括冷杉、云杉、落叶松、红松、油松、圆柏、刺柏、红豆杉等。

抽　　梢

抽梢是指植物在春季长出新的枝条的过程。利用这一特性修剪园林树种，可以使其树形更好。果树在春季长出的新枝不能结果，需要进行修剪，以免浪费营养成分。

季　雨　林

季雨林是生长于亚热带季风气候区的植物群落，属于"雨绿林"，与雨林接近，主要出热带性落叶阔叶树组成。季雨林分为旱季落叶季雨林和半落叶季雨林两种。

新梢

木本植物与温度

桃花

　　植物在生长发育的过程中需要一定的热量。判断一种植物能否在某一地区生长，应该查看当地无霜期的长短、生长期中日平均温度的高低、某些日平均温度持续时期的长短、当地变温出现的时期和幅度的大小、当地积温量、当地最热月和最冷月的月平均温度值、极端温度值和持续的时间，这些极值对植物的自然分布有着极大的影响。

　　温度能够影响植物的生长发育从而限制了植物的分布范围。热带和亚热带的木本植物引种到北方地区就会冻死，如木棉、凤凰木、鸡蛋花、白兰等；北方地区的木本植物引种到亚热带和热带地区，就会生长不良或不能开花结实，甚至死亡，如桃、苹果等。各种植物对温度的适应能力有很大差异，有些木本植物对温度变化的适应能力特别强，能在广阔的地域生长和分布，称为"广温植物"；有些木本植物对温度变化的适应能力较弱，只能生活在很小的范围内，称为"狭温植物"。

无 霜 期

无霜期是指每年春季最后一次霜降至秋季最早一次霜降之间的天数，每年的无霜期都不一样，与当年的气候情况有关。无霜期越长，植物的生长期越长。海拔较高地区的无霜期较短。

积 温

积温是指一段时间之内，每天符合特定条件的平均温度或有效温度之和，一般以℃为单位，包括活动积温、有效积温、地积温和日积温等。植物从播种到成熟需要一定的积温。

极端温度

极端温度是指一段时间内某一地区达到的最低和最高温度。前者是极端最低温度，后者是极端最高温度。极端温度有时也指同一时期温度空间分布（一般指水平分布）中的最高值和最低值。

桃花

腊 梅

腊梅的花

　　腊梅，又名然黄梅、雪里花、蜡木、黄梅花，属于腊梅科腊梅属，为落叶灌木，原产于中国中部，有4个品种群12个品种型165个品种。腊梅在霜雪寒天傲然开放，花黄似腊，浓香扑鼻，是中国特产的传统名贵观赏花木。腊梅的花蕾、叶和根皮都可以入药，有解毒生津的功效，花蕾具有解暑生津、开胃散郁、通乳润燥、止咳等功效，可以用于治疗暑热头晕、呕吐、气郁胃闷、烫伤、火伤、中耳炎等症；根和茎具有祛风理气、活血解毒等功效，可以用于治疗哮喘、劳伤咳嗽、胃痛、腹痛、风湿痹痛、疔疮肿毒、跌打创伤等。植株性喜阳光，亦略耐阴，较耐寒，耐旱。

腊梅植株高3～5米。单叶对生，近革质，叶片椭圆状卵形或卵状披针形，先端渐尖，基部圆形或楔形，长7～15厘米，全缘，表面粗糙；芽具多数覆瓦状鳞片。两性花单生于一年生枝叶腋，花梗极短，被黄色，带蜡质，具芳香，12月至翌年3月开花；杯状花托，花被多片呈螺旋状排列，呈黄色，带腊质，有浓芳香，中间有纯黄色、金黄色、淡黄色、墨黄色、紫黄色，也有银白色、淡白色、雪白色、黄白色，花蕊有红色、紫色、白色等。果实为瘦果。

李商隐与寒梅

《忆梅》唐·李商隐
定定住天涯，依依向物华。寒梅最堪恨，常作去年花。

可以吃的腊梅

腊梅的花可以食用，味甘，微苦，具有解暑生津的功效。但腊梅花有一定毒性，每次鲜用不能超过10朵，干品不能超过10克。腊梅的枝、叶和果实有毒，不能食用。

腊梅的变种

腊梅的主要变种为：檀香腊梅，外轮花被片呈淡黄色，内轮花被片有紫红色边缘和条纹，花瓣较宽，香气浓郁；素心腊梅，花被片纯黄，内轮接近纯色，花较大，香气浓。

耐旱的木本植物

耐旱能力较强的木本植物有：雪松、黑松、响叶杨、加杨、旱柳、杞柳、小叶栎、白栎、苦槠、柘树、小檗、山胡椒、枫香、桃、枇杷、石楠、火棘、山槐、合欢、黄檀、刺槐、紫穗槐、紫藤、臭椿、楝树、乌桕、野桐、黄连木、盐肤木、木芙蓉、芫花、夹竹桃、栀子花、水杨梅、白皮松、马尾松、油松、赤松、侧柏、圆柏、柏木、龙柏、偃柏、毛竹、水竹、棕榈、毛白杨、滇杨、龙爪柳、麻栎、青冈栎、板栗、锥栗、白榆、朴树、小叶朴、榉树、糙叶树、桑树、无花果、薜荔、广玉兰、樟树、溲疏、豆梨、杜梨、沙梨、杏树、李树、皂荚、云实、槐树、香椿、油桐、重阳木、黄杨、野漆、枸骨、冬青、丝棉木、无患子、栾树、木槿、梧桐、杜英、厚皮香、柽柳、柞木、紫薇、银薇、石榴、八角枫、长春藤、羊踯躅、柿树、粉叶柿、光叶柿、白檀、桂花、丁香、雪柳、水曲柳、常绿白蜡、迎春、毛叶探春、枸杞、凌霄、六月雪、黄栀子、六道木、忍冬、木本绣球、木麻黄等。

杏树

枇 杷

枇杷为常绿小乔木，属于蔷薇科枇杷属，植株高3～4米，是优良的蜜源树种。枇杷的果实为梨果，长圆形或近球形，形似琵琶；种子可以酿酒；叶和果实可以入药，具有清热、润肺、止咳、化痰的功效。

刺槐

杏

杏为落叶乔木，属于蔷薇科杏属，植株高5～8米；果实球形，呈白色或黄色，微被短柔毛，果肉可以食用，种仁可以入药。分布于中国的杏品种主要有普通杏、西伯利亚杏、辽杏等。

忍 冬

忍冬为缠绕木质藤本，属于忍冬科忍冬属。忍冬的花初开时为白色，后来变成黄色，因此又被称为"金银花"，含有绿原酸。花蕾和初开的花可以入药，具有清热、解毒的功效。

毛白杨

杨树

毛白杨，又名白杨，为落叶大乔木，属于杨柳科杨属，分布广泛。树木生长快，树干通直挺拔，树形优美，枝叶茂密，抗烟尘和抗污染能力强，是优良的绿化造林树种。木材轻且细密，呈淡黄褐色，纹理直，易加工，可供建筑、家具、胶合板、造纸及人造纤维等用。毛白杨的花序呈黑色，看起来就像毛毛虫。雌花序成熟后就开始飘絮，毛白杨生长集中的地区，飘絮的时节，就好像下雪一般，虽然好看，但却给人带来诸多不便。

毛白杨植株高达25～30米，主根和侧根发达，萌芽力强；树皮呈灰白色或灰绿色，老时呈深灰色，纵裂；幼枝有灰色绒毛，老枝平滑无毛，芽卵型，稍有绒毛。叶互生，长枝上的叶片三角状卵形，长10～15厘米，宽8～12厘米，先端尖，基部平截或近心形，具大腺体2枚，边缘有复锯齿，上面呈深绿色，疏有柔毛，下面有灰白色绒毛；叶柄细圆柱形，长2.5～5.5厘米；老枝上的叶片较小，边缘具波状齿，渐无毛；在短枝上的叶更小，卵形或三角形，有波齿，背面无毛。花序为柔荑花序，雌雄异株，先叶开放；雄花序长10～14厘米，苞片尖裂，卵圆形，边缘具长毛；雄蕊8枚；雌花序长4～7厘米；子房椭圆形，柱头2裂。蒴果长卵形，2裂。

雌　株

雌株花芽小且疏，花有絮，花盛开时长4～7厘米，苞片小，具绿毛；雌株大枝开展，与主枝成90°左右的夹角。雌株幼叶呈鲜绿色，大树树皮呈灰白色。

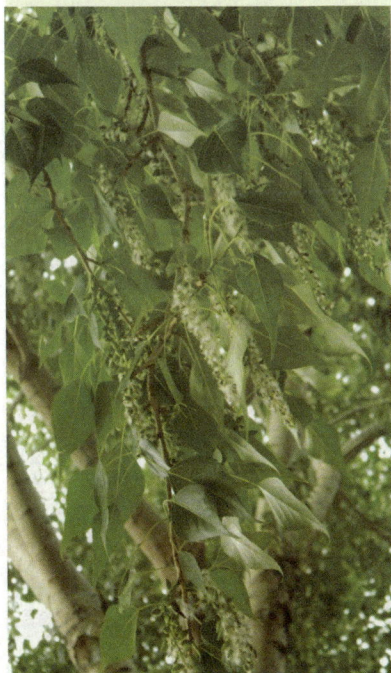

杨絮

雄　株

雄株花芽大且密，花无絮，盛开时长8～14厘米，花轴和苞片均密生绒毛，苞片呈褐色；雄株大枝斜生，常与主枝成45°～62°的夹角；雄株幼叶呈灰白色，大树树皮呈青白色。

飘　絮

杨絮属于植物类花，杨的果序将要成熟时，果实开裂杨絮就散出，种子借助杨絮传播。杨絮散播会造成环境污染，还能让人呼吸不畅。行道树应选用雄株，以免飘絮。

耐淹的木本植物

耐淹能力较强的木本植物有：垂柳、旱柳、龙爪槐、榔榆、桑、柘、豆梨、杜梨、柽柳、紫穗槐、落叶杉、水松、棕榈、栀子、麻栎、枫杨、榉树、山胡椒、狭叶山胡椒、沙梨、枫香、楝树、乌桕、重阳木、柿、葡萄、雪柳、白蜡、凌霄、侧柏、千头柏、圆柏、龙柏、水杉、水竹、紫竹、竹、广玉兰、酸橙、夹竹桃、杨、木香、李树、苹果、槐树、臭椿、香椿、卫矛、紫薇、丝棉木、石榴、黄荆、迎春、枸杞、黄金树等。

耐淹能力较弱的木本植物有：罗汉松、黑松、刺柏、百日草、樟树、枸橘、花椒、冬青、小蜡、黄杨、胡桃、板栗、白榆、朴树、梅、杏、合欢、皂荚、紫荆、南天竹、溲疏、无患

柳树

子、刺楸、三角枫、梓树、连翘、金钟花、马尾松、杉木、柳杉、柏木、海桐、枇杷、栾树、木芙蓉、木槿、梧桐、泡桐、楸树、绣球花等。

龙 爪 槐

龙爪槐为多年生落叶乔木，是国槐的芽变品种，属于豆科槐属，树形奇特，大枝弯曲扭转，小枝柔软下垂，是优良的园林孤植树种之一，也可以盆栽或制作盆景。

迎 春

迎春为落叶灌木，属于木樨科素馨属，是春天开花较早的植物之一，因此得名，与梅花、水仙和山茶花并称为"雪中四友"。植株抗旱能力强，在中国可以露地越冬。花、叶和嫩枝可以入药。

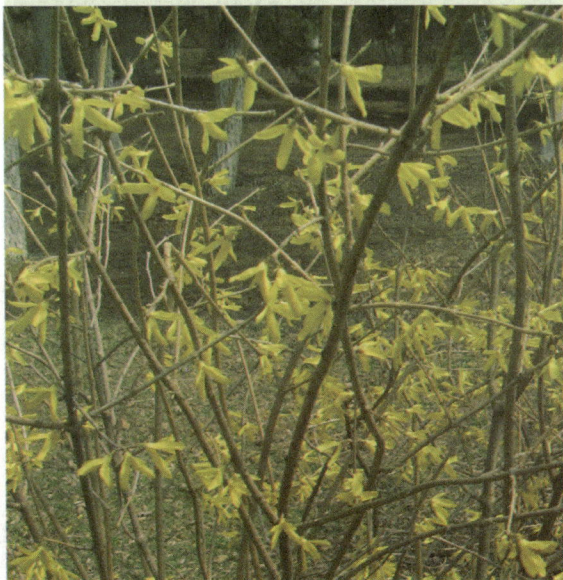

三 角 枫

三角枫为落叶乔木，植株高5～10米，属于槭科槭属。叶片三角形或椭圆形，三裂，裂片三角形，在春季和夏季呈绿色，进入秋季后变成红色，具有极高的观赏价值。三角枫是优良的园林树种之一。

连翘

垂 柳

柳絮

　　垂柳，又名垂枝柳、倒插杨柳、倒挂柳，属于杨柳科柳属，为落叶乔木。垂柳对有毒气体有一定的抗性，并能吸收二氧化硫，抗寒性强，较耐盐碱，喜光不耐阴，是优良的绿化树种。垂柳枝条细长，柔软下垂，随风飘舞，姿态优美潇洒，有些品种的枝呈金黄色，是重要的庭园观赏树。垂柳的枝柔软，能够编制篮子、箱子等工艺品和日用品。垂柳植株耐水性很强，被水淹160天，大部分植株仍能成活，是固岸护堤的优良树种。但是雌性垂柳在春天会飘絮，给人们的生活和出行带来了不便，作为城市的行道树，最好栽植雄株。

　　垂柳高达18米，胸径1米，树冠倒广卵形；小枝细长下垂，呈淡黄褐色。叶互生，披针形或条状披针形，长8～16厘米，先端渐长尖，基部楔形，无毛或幼叶微有毛，具细锯齿；托叶披针形。花具雄蕊2枚，花丝分离，花药呈黄色，腺体2枚；雌花子房无柄，腺体1枚。花期3～4月，果熟期4～5月。

柳 树

　　柳为落叶乔木，植株高达20～30米，属于杨柳科柳属，耐寒、耐旱、耐涝，可以种植于水体旁边。植株抗污染和浮尘的能力较强，生长迅速，是优良的绿化树种之一。

垂柳

柳 叶

　　柳属植物的叶片互生，长且狭，披针形，有锯齿或全缘。垂柳的叶片可以入药，性凉、无毒，具有清热、解毒、利尿等功效。可以于每年的春季和夏季采摘柳叶备用。

柳 絮

　　柳树的种子特别小，长1～2毫米，呈黄褐色或淡黑色，外部被绒毛，这些绒毛称为"柳絮"。柳絮簇生于种子顶端，长2～4毫米，呈团状。柳絮携带种子借助风做远距离传播。

木本植物与光照

　　按植物对光照条件的适应能力，木本植物分为喜光植物、耐阴植物和中性植物。

　　在全日照下生长良好而不能忍受阴蔽的植物，称为"喜光植物"，如落叶松属、水杉、桦木属、桉属、杨属、柳属、栎属、臭椿、乌桕、泡桐、槐树等。该类植物的细胞壁较厚，木质部和机械组织发达，叶表有厚角质层，叶的栅栏组织发达。

　　在较弱的光照条件下比在全光照下生长良好的植物，称为"耐阴植物"。木本植物多为耐阴植物，该类植物的细胞壁薄，木质化程度较差，机械组织不发达，叶表皮薄，没有角质层，栅栏组织不发达而海绵组织发达。

　　在充足的阳光下生长最好，但也有不同程度的耐阴能力，高温干旱时在全光照下生长受抑制的植物，称为"中性植物"，如榆属、朴属、榉属、樱花、枫杨、槐、圆柏、珍珠梅属、七叶树、元宝枫、五角枫、冷杉属、云杉属、铁杉属、红

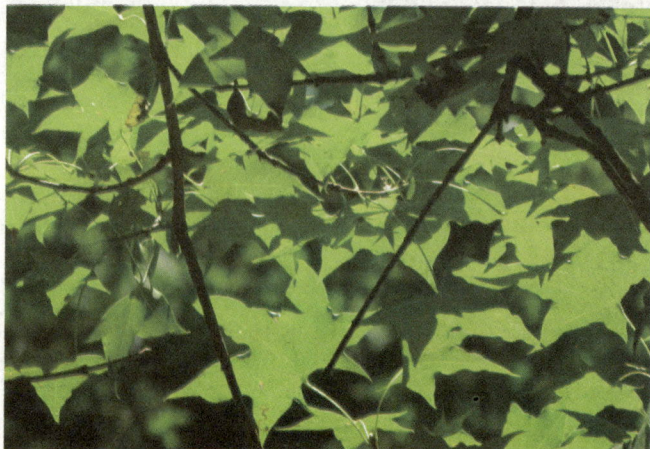

五角枫

豆杉属、椴属、八角金盘、常春藤、八仙花、山茶、桃叶珊瑚、枸骨、海桐、杜鹃花、忍冬、罗汉松、紫楠、棣棠、香榧等。

机械组织

机械组织是指植物体内具有支持、巩固和保护作用的组织。这类组织的细胞加厚，木质化，可以分为厚角组织和厚壁组织。机械组织与树叶平展、枝干挺立和抵抗外力等有关。

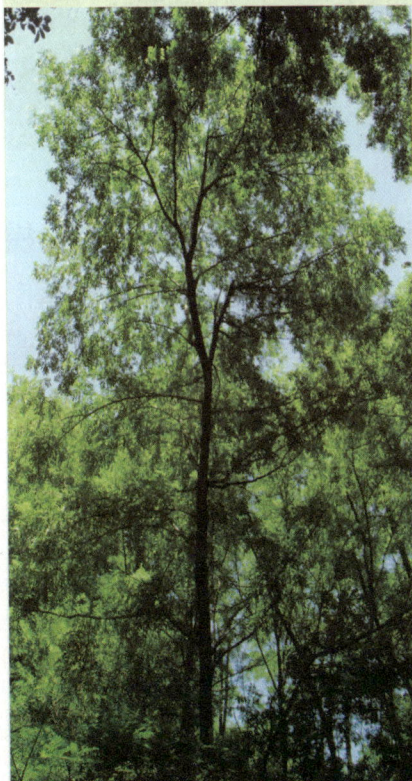

枫杨

栅栏组织

栅栏组织属于同化组织，位于上表皮下方，能组成叶肉，细胞呈圆柱形，紧密排列，含有较多的叶绿体，主要分布在植物的叶片中。阳生植物叶的栅栏组织发达，阴生植物和沉水植物叶的栅栏组织不发达。

海绵组织

海绵组织属于同化组织，能组成叶肉，细胞排列不整齐，细胞间隙发达，呈海绵状，含有较少的叶绿体，分布于背腹叶和面叶中，主要用来进行气体交换。阴生植物和沉水植物叶的海绵组织较发达。

槐树

槐树

槐树，属于豆科，为落叶乔木，为深根性喜光树种。槐树树冠球形庞大，枝多叶密，花期较长，绿荫如盖，对二氧化硫、氯气等有毒气体有较强的抗性，是优良的行道树树种。槐树是优良的蜜源植物，槐花蜜的营养价值较高，深受人们的喜爱。花蕾、根皮和叶可入药，具有清凉、收敛、止血的功效，可用于治疗疮毒；种子具有止血、降压等功效。槐树的材质坚硬，有弹性，纹理直，易加工，耐腐蚀，木材可供建筑或制农具和家具。

槐树高15～25米。羽状复叶长15～25厘米，叶轴有毛，基部膨大；小叶9～15枚，卵状长圆形，长2.5～7.5厘米，宽1.5～5厘米，顶端渐尖，有细突尖，基部阔楔形，下面呈灰白色，疏生短柔毛。圆锥花序顶生，花萼钟状，有5个小齿；花冠

走进大自然
ZOU JIN DA ZI RAN

呈乳白色，旗瓣阔心形，有短爪，并有紫脉，翼瓣边缘稍带紫色；雄蕊10枚，不等长。荚果肉质，串珠状，长2.5～5厘米，无毛，成熟后不开裂，常挂于树梢，经冬不落。种子1～6粒，肾形。花果期9～12月。

有毒气体

有毒气体是指对人体有害，能使人中毒的气体，包括神经性麻痹毒气、呼吸系统麻痹毒气和肌肉麻痹毒气三类。常见的有毒气体有一氧化碳、氧化亚氮、氯气、氨气、氟化氢、二氧化硫等。

蜜源植物

蜜源植物是指能够产生花蜜和花粉供蜜蜂采集和利用的植物。这些植物一般数量多、分布广、花期长。常见的蜜源植物有油菜、苜蓿、刺槐、椴树、薰衣草、向日葵、芝麻等。

翼　　瓣

翼瓣是指蝶形花冠旗瓣下面的翼状瓣，两侧各有一个，外形很像鸟的两翼的正面，昆虫能停留其上。蝶形花冠是大豆、槐等豆科、蝶形花亚科植物所特有的花冠形式。

槐花

木本植物的抗风能力

合欢

　　抗风能力强的木本植物，一般材质坚韧、根系强大、树冠紧密，如马尾松、黑松、圆柏、榉树、胡桃、白榆、乌桕、樱桃、枣树、臭椿、栗、槐、梅树、樟树、麻栎、河柳、大麻黄、柠檬桉、南洋杉及柑橘类等。抗风能力弱的木本植物，一般材质柔软或硬脆、根系浅、树冠庞大，如大叶桉、榕树、雪松、木棉、梧桐、加拿大杨、钻天杨、银白杨、泡桐、垂柳、刺槐、杨梅、枇杷、苹果等。抗风能力中等的木本植物包括侧柏、龙柏、杉木、柳杉、檫木、楝树、苦槠、枫杨、银杏、广玉兰、重阳木、枫香、凤凰木、桑、梨、柿、桃、杏、合欢、紫薇、木本绣球、旱柳等。

　　在中国北方温度较低的地区，在冬末春初经常刮寒风，此时土壤还没有解冻，温度很低，根系活动微弱，枝条的蒸腾作用加强，造成细枝顶梢干枯，严重时死亡，称为"干梢"或"抽条"，从中国南方引至北方的木本植物容易发生这种现象。

白 榆

白榆为落叶乔木，高达25米，属于榆科榆属，根系发达，萌芽力强，树冠圆球形，对气候适应能力强。花簇生，先叶开放，可以食用；果实为翅果，近圆形，成熟时呈黄白色。

银 白 杨

银白杨为落叶乔木，高15～30米，属于杨柳科杨属，树冠宽阔，树皮呈白色至灰白色，主干弯曲呈灌木状，雄蕊长8～10厘米，花药呈紫红色。植株不耐阴，耐寒，耐旱，分布广泛。

苹 果 梨

苹果梨属于蔷薇科梨属，外形奇特，果皮呈黄绿色，果肉甜脆多汁、清香爽口，含有蛋白质、钙、磷、铁、胡萝卜素、维生素C、B族维生素等营养物质，具有软化血管、消痰止咳等功效，是重要的水果品种之一。

毛樱桃

木本植物的根系

　　木本植物根系的生长发育，很大程度受植物地上部分生长状况和土壤环境的影响。等到根系的生长达到最大幅度后，就会开始向心更新。根系的更新并不规则，经常出现大根季节性间歇死亡的现象。根系随株体的衰老而逐渐缩小，地上部分即将死亡时，根系仍能活一段时间。有些木本植物生长了很多年后，根基部常常隆起。

　　木本植物的根系生长很快，生长速度超过地上部分。随着植物的生长，根系生长速度趋于缓慢，并逐年与地上部分的生长保持着一定的比例关系。在木本植物的整个生命过程中，根系始终发生局部的自疏与更新。根系生长了一段时间后，吸收根会逐渐出现木栓化，最终死亡。根系的外表变为褐色，逐渐失去吸收功能。有的根逐渐变成能够起输导作用的输导根，有的则死亡。木本植物的须根从形成到壮大直至衰亡有一定规律，一般只有数年的寿命，最终较粗的骨干根的后部出现光秃现象。

植物根系

根　系

　　根系是指植物所有根的综合，包括主根、各级侧根和不定根。根系可分为直根系和须根系。一般植物根系的扩展大于地上部分。根据在土壤中的分布情况，根系分为深根系和浅根系。

自　疏

　　自疏是指随着种内竞争，植物种群随着年龄增长、个体增大和种群密度减小的现象。植物生长密度过大时，植物个体对资源的竞争会影响植物的生长发育，植物个体会开始死亡。

木　栓

　　木栓是指植物的茎和根加粗生长后处于植物体表的保护组织，有色泽，质地轻，不透水，浮游弹性，是重量最轻的自然物质之一。植物粗糙的外层树皮被剥去后，内侧的木栓形成层向外产生新的木栓。

青檀的树根

木本植物的芽

芽

　　芽是树木生长、开花结实、更新复壮、保持母株性状和营养繁殖的基础，是多年生植物为适应不良环境和延续生命活动而形成的重要器官。不同木本植物的叶芽的萌发能力不同。有些植物的叶芽的萌发能力较强，如紫薇和小叶女贞等；有些植物的叶芽的萌发能力较弱，如梧桐、栀子等。植物枝条上部叶芽萌发后，并不是全部都抽成长枝。母枝上的芽具有抽生长枝的能力，称为"成枝力"。木本植物枝条基部的芽或上部的某些副芽，在一般情况下不萌发而呈潜伏状态，这些芽称为"潜伏芽"。当枝条受到某种刺激（上部或近旁受损，失去部分枝和叶时）或冠外围枝处于衰弱时，由潜伏芽发生新梢的能力，称为"芽的潜伏力"。芽潜伏力的强弱与木本植物地上部的更新复壮有关。有些树种芽的潜伏力弱，如桃的隐芽，越冬后潜伏一年左右，多数都失去了萌芽力，仅个别隐芽的潜伏力能维持10年以上。仁果类果树芽的潜伏力很强。

叶　芽

叶芽是指开放后形成枝和叶的芽，一般瘦长，中央具有芽轴，顶端具有生长点。芽轴上部分布着叶原基和芽原基。叶原基能发育成幼叶，幼叶未来展开成为叶片。

副　芽

副芽是高等植物除腋芽以外，所生出的芽，一般一至多个。大部分副芽在腋芽的近轴面的一侧直线排列，长在最内侧的腋芽最小。当腋芽受伤时，副芽能伸长。副芽一般属于休眠芽，不发芽。

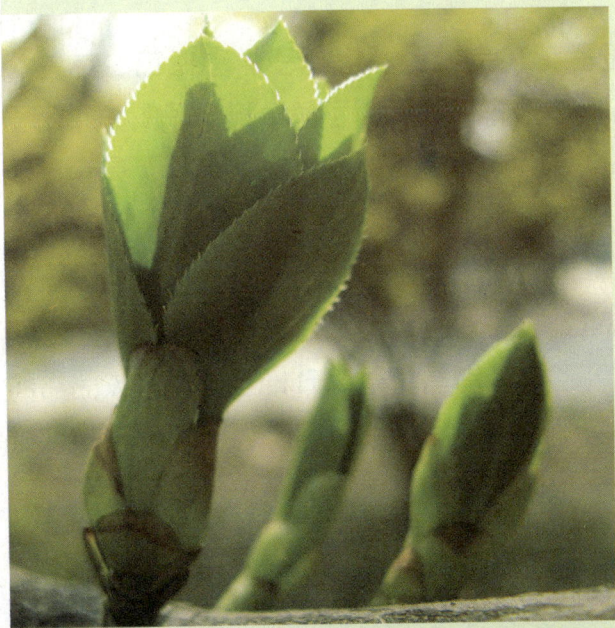

隐　芽

隐芽，又称为"潜伏芽"，是指在翌年春天或连续几年不萌发的芽，多生于枝基部，一般生长缓慢，当遇到刺激时，有可能萌发。在人工种植时，植株上的隐芽需要尽早摘除。

芽

栀　子

栀子的花

栀子，又名栀子花、金栀子、银栀子、山栀花、林兰、木丹、越桃、木横枝、玉荷花等，属于茜草科栀子属，原产于中国，为常绿灌木或小乔木。根、叶和果实可入药，具有泻火除烦、清热利尿、凉血解毒的功效。栀子叶色四季常绿，花芳香素雅，绿叶白花，清丽可爱，适于阶前、池畔和路旁配置，也可作篱和盆栽观赏。栀子对二氧化硫有抗性。栀子花含乙酸苄酯、乙酸芳樟酯、乙酯苏合香酯等成分，可作为化妆品香料和食用香料；花蕾含有碳水化合物、蛋白质、粗纤维和多种维生素，可以用来熏茶和提取香料；果实可作为天然色素和燃料使用；栀子木材坚实细密，可供雕刻。花还可做插花和佩带装饰，也可入药，具有清肺止咳、凉血止血等功效，可用于治疗肺热咳嗽、肿毒等病症。

栀子高1～2米，枝丛生，小枝呈绿色。叶对生或三叶轮生，倒卵形或矩圆状倒卵形，长5～14厘米，宽2～5厘米，革质而有光泽，全缘，托叶鞘状。花单生枝顶或叶腋，有短梗；花冠基部筒状，回旋排列，未开时卷曲；花蕾白中透碧，裂片6枚，肉质；花萼5～7裂，裂片线形，长1～2厘米；花冠筒长2～3厘米，裂片5枚或较多；花丝短，花药线形；花柱粗厚，柱头扁宽。果实卵形，有5～9条翅状直棱，扁平，呈橙黄色。花期5～7月。

茜 草 科

茜草科属于双子叶植物纲茜草目，多数为木本植物，少数为草本植物。该科主要包括多轮草属、岩黄树属、耳草属、金鸡纳属、滇丁香属、钩藤属，有数量众多的经济植物和药用植物。

香料植物

香料植物是指具有芳香气味或能提取芳香物质的植物，可供提取的部位包括根、茎、叶、花、果实、种子、树皮等。常见香料植物包括桂树、茉莉、白玉兰、菊科植物、唇形科植物、松科植物等。

花　萼

花萼是指一朵花的所有萼片，位于花的外轮，一般呈绿色，不同植物的萼片数目不同。花瓣状的萼片称为"瓣状萼"，全部分离的萼片称为"离萼"，全部或基部连合的萼片称为"合萼"，花谢后不脱落的萼片称为"宿萼"。

枝条的顶端优势

　　近于直立的木本植物的枝条，其顶端的芽能抽生最强的新梢，而侧芽所抽生的枝，其生长势多呈自上而下递减的趋势，最下部的一些芽则不萌发。去掉顶芽或上部芽，可促使下部腋芽或潜伏芽的萌发。这种顶部分生组织或茎尖对其下芽萌发力的抑制作用，称为"顶端优势"。顶端优势是植物枝条背地生长的极性表现，也表现在分枝角度上，枝自上而下开张。去除先端对角度的控制效应，则所发侧枝又呈垂直生长。顶端优势也表现在木本植物的中心干生长势要比同龄主枝强；树冠上部枝比下部的强。一般乔木都有较强的顶端优势，越是乔化的木本植物，其顶端优势越强。

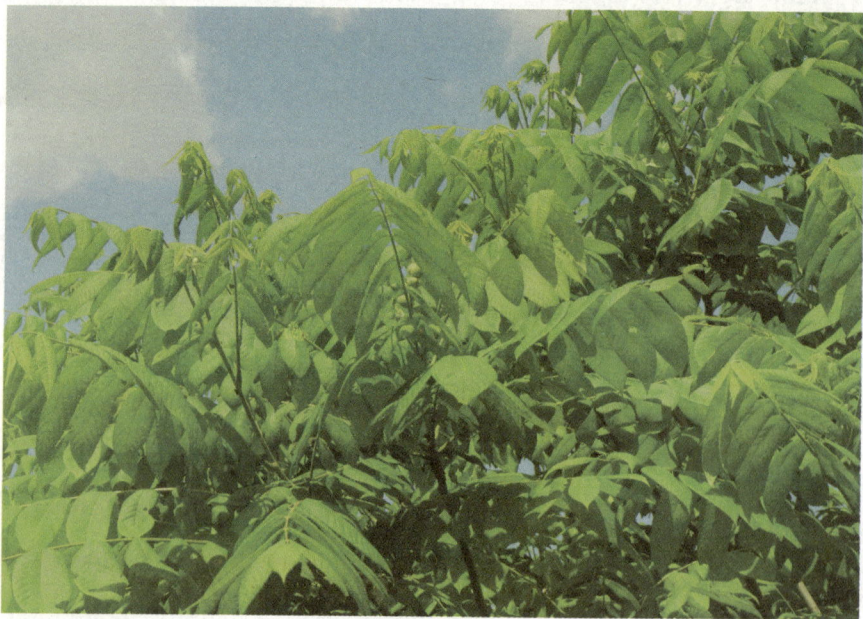

胡桃楸的枝条

腋　芽

　　腋芽是指从叶腋处生出的顶芽，属于侧芽的一种，常见于种子植物的普通叶中，多年生落叶植物的叶子脱落后，枝上的腋芽明显，一般一个叶腋内只有一个腋芽，鳞叶、花叶和蕨类植物的叶子一般不产生花芽。

植物的向性运动

　　植物的向性运动是由外界因素对植物单方向刺激所引起的定向生长运动，是不可逆的生长运动，包括感受、传导和反应三个步骤。按照刺激因素，植物的向性运动分为向光性、向重力性、向化性和向水性。

背地性生长

　　植物的背地性生长是由植物的向重力性导致的，一般只发生在正在生长的部位。根总是向下生长，称为"正向重力性"；茎总是向上生长，称为"负重力性"。

新芽

分枝方式

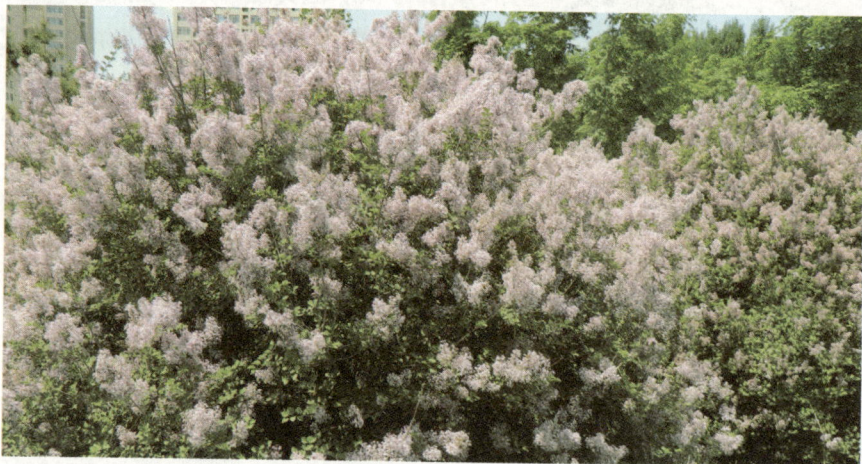

丁香

　　木本植物的分枝方式有总状分枝、合轴分枝和假二叉分枝三种。木本植物枝的顶芽具有生长优势，形成通直的主干或主蔓，同时依次发生侧枝；侧枝又以同样方式形成次级侧枝，这种有明显主轴的分枝方式称为"总状分枝式"，如杨。木本植物枝的顶芽经过一段时间的生长以后，先端分化出花芽或顶芽枯死，而由邻近的侧芽代替顶芽生长，逐渐形成了曲折的主轴，这种分枝方式称为"合轴分枝式"，如桃、杏、李。二叉分枝是最原始的分枝类型，种子植物很少具有这种分枝方式，二叉分枝是指植物体的主轴重复分为两个分枝的形式，如果形成主轴，则演化成单轴分枝。生有对生芽的植物，顶芽枯死或分化为花芽后，其下对生芽同时萌发生长成枝，形成叉状侧枝，经过一段时间的生长后，枝的外形似二叉分枝，称为"假二叉分枝"，如丁香、梓树、泡桐等。

花　芽

　　花芽是指能够发育成花的芽。植物的茎尖分生组织不再形成叶原基和腋芽原基，逐渐形成花原基或花序原基，再分化形成花或花序的过程，称为"花芽分化"。

鳞　芽

　　鳞芽是指外面被鳞片包裹的芽，具有角质，能够分泌树脂。在冬季，鳞芽的蒸腾作用很弱，能够安全越冬。杨树和松树等植物都具有鳞芽。

裸　芽

　　裸芽是指芽的外面不被鳞片包裹，但被幼叶包裹的芽。一般热带地区的木本植物和温带地区的草本植物具有裸芽。

桃

年 轮

　　截倒的树干上的一圈一圈的痕迹就是年轮，它是树木年龄的记录表。树木的年龄增加一年，年轮就增加一圈，树木也随之加粗。树木的新梢在伸长生长的同时，也进行着加粗生长，加粗生长高峰的出现晚于加长生长，停止也较晚。新梢由下向上增粗，加粗生长是形成层细胞分裂、分化、增大的结果，这些活动发生的时期和强度，因新梢生长周期、树龄、生理状况、外界环境条件等不同而有差异。

　　落叶乔木在春季萌芽开始时，最接近萌芽处的母枝的形成层活动最早，母枝由上而下，逐渐增粗，形成层的活动稍晚于

萌芽。此后随着新梢的不断生长，形成层的活动也持续进行。新梢生长越旺盛，形成层的活动也越强烈，且持续时间更长。幼树形成层活动停止较晚，而老树停止较早。同一株树上新梢形成层的活动开始和结束均比老枝早。大枝和主干的形成层活动，自上而下逐渐停止，而以根茎结束最晚。形成层活动所需的养分，主要靠去年的贮藏营养。落叶乔木在秋季时，叶片积累了大量的光合产物，枝干明显加粗。树木每发一次枝，就增粗一次。在一年中，多次发枝的树木的一圈年轮，并不是一年的真正年轮。

细胞分裂

细胞分裂是指一个细胞分裂成为两个细胞的过程，是细胞繁殖子代细胞的过程，包括细胞核分裂和细胞质分裂两步，细胞分裂可分为无丝分裂和有丝分裂两类。

细胞分化

细胞分化是指细胞产生稳定的差异的过程。同一来源的细胞，在细胞分化的过程中，逐渐产生了各自特有的形态结构和生理功能。在植物的一生中，细胞分化一直进行着。

细胞伸长

在细胞体积增大的过程中，最初细胞内先出现许多小液泡，随后小液泡合并成一个大液泡，细胞质与细胞核被挤压到边缘，使大量水分进入细胞，于是细胞伸长。

叶的形状

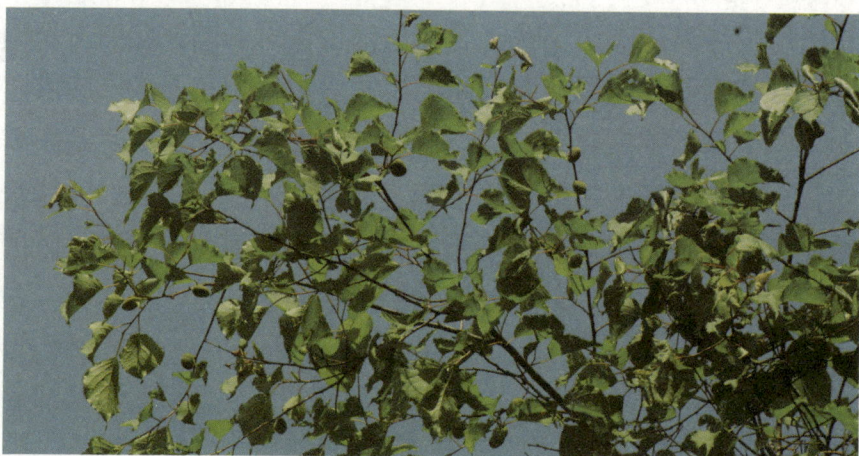

东北杏

　　叶片的形状有针形（松、云杉）、披针形（桃、柳）、矩圆形、椭圆形（芫花、樟树）、卵形、圆形（板蓝根）、条形（松柏、羽叶杉、红杉）、匙形（番杏）、扇形、镰形、肾形、倒披针形、倒卵形（二乔玉兰）、倒心形、提琴形（一品红）、菱形（杜鹃）、楔形、三角形、心形、鳞形等。

　　叶缘的类型有全缘、浅波状、深波状、锯齿状（山楂、玫瑰、朱槿、榆树、茶花、桑树）、牙齿状、条裂（条裂叶报春）、浅裂、深裂（栎树）、羽状深裂、羽状浅裂、掌状半裂（大黄）等。

　　叶端的形状有芒尖、骤尖、尾尖（东北杏）、渐尖（乌桕）、锐尖、凸尖（越橘）、钝形（厚朴）、截形（火棘、鹅掌楸）、微凹（黄檀）、倒心形（马鞍叶羊蹄甲）等。

　　叶基的形状有楔形（枇杷）、渐狭（樟树）、下延、圆钝

（蜡梅）、截形、箭形、耳形（白英）、戟形、心形、偏斜形（曼陀罗、秋海棠）等。

樟　树

　　樟树，又名香樟，为常绿乔木，属于樟科樟属，树龄达百年以上，是优良的园林绿化树种，可作为绿化树和行道树。植株可提取樟脑和樟油，可以驱虫。

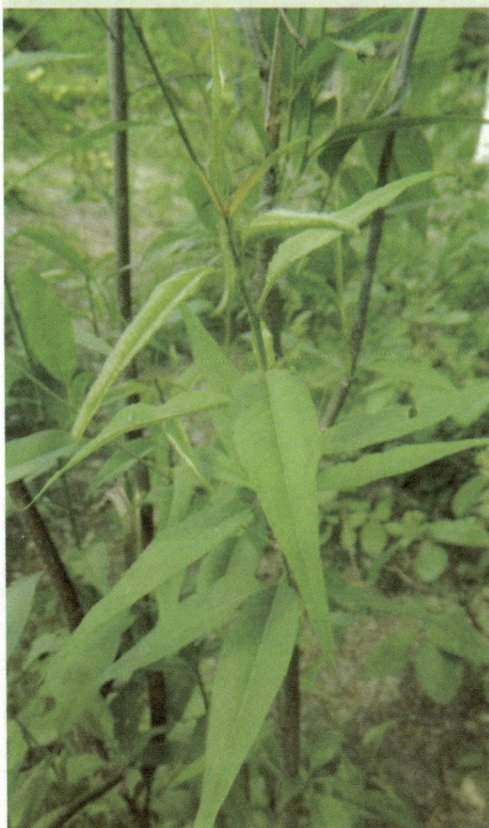

桃树

杜　鹃

　　植物杜鹃为灌木或小乔木，属于杜鹃花科杜鹃花属，是中国十大名花之一。叶对生或簇生于侧生短枝上，花呈粉红色。根、叶和果均可入药，根具有利尿、祛湿的功效，叶具有止血的功效，果可治疗风湿等症。

东　北　杏

　　东北杏为乔木，属于蔷薇科梨属。果实呈黄色，味略酸，是中国北方重要的水果品种之一。花呈粉色或白色，花期4月，是春季观花的植物品种之一。

一 品 红

　　一品红，又名象牙红、老来娇、圣诞花、圣诞红、猩猩木，属于大戟科大戟属，原产于南美洲。花很小，看起来非常像花的红色部分，其实是植株顶端的苞片，这些苞片在圣诞节前后变成鲜艳的红色。一品红全株有毒，植物白色的乳汁碰到皮肤，能够引起红肿等过敏性反应，误食其茎和叶有中毒的危险，需要特别注意。植株可入药，味道苦涩，有调经止血、活血化痰、接骨消肿的功效。

　　一品红为常绿灌木，高50～300厘米，茎光滑，嫩枝呈绿色，老枝呈深褐色。叶为单叶，互生，卵状椭圆形，全缘或波状浅裂，有时呈提琴形，顶部叶片较窄，披针形，叶被毛，叶

一品红

质较薄，脉纹明显，顶端靠近花序的叶片形似苞片；茎和叶含有白色乳汁，乳汁有毒。花序为杯状聚伞花序，顶生，总苞呈淡绿色，边缘有黄色腺体1～2枚；雄花具柄，无花被；雌花单生，位于总苞中央。自然花期为12月至翌年2月，此时顶端的苞片呈红色，看起来就像是盛开的花，是主要的观赏部位。

同属品种有：一品白，苞片呈乳白色；一品粉，苞片呈粉红色；一品黄，苞片呈淡黄色；深红一品红，苞片呈深红色；三倍体一品红，苞片叶状，呈鲜红色；重瓣一品红，叶呈灰绿色，苞片呈红色、重瓣；球状一品红，苞片呈血红色，重瓣，苞片上下卷曲成球形，生长慢；斑叶一品红，叶呈淡灰绿色、具白色斑纹，苞片呈鲜红色。

苞　片

苞片，又称为"苞叶"，是指位于正常叶和花之间的变态叶，单枚或数枚，具有保护花芽或果实的作用。聚生在花序外围的多枚苞片统称为"总苞"。

单　叶

单叶是指一个叶柄上生有一片叶的叶。具有叶片、叶柄和托叶的叶称为"完全叶"，缺少一部分或两部分的叶称为"不完全叶"。杨、柳、桃、桑等植物的叶都是单叶。

互　生

互生是植物的叶在茎上的排列方式之一，每节只生一片叶，相邻的两片叶在茎的两侧，交互而生，叶片呈螺旋状生长。小麦、桃、蚕豆等植物的叶的生长方式均为互生。

叶　色

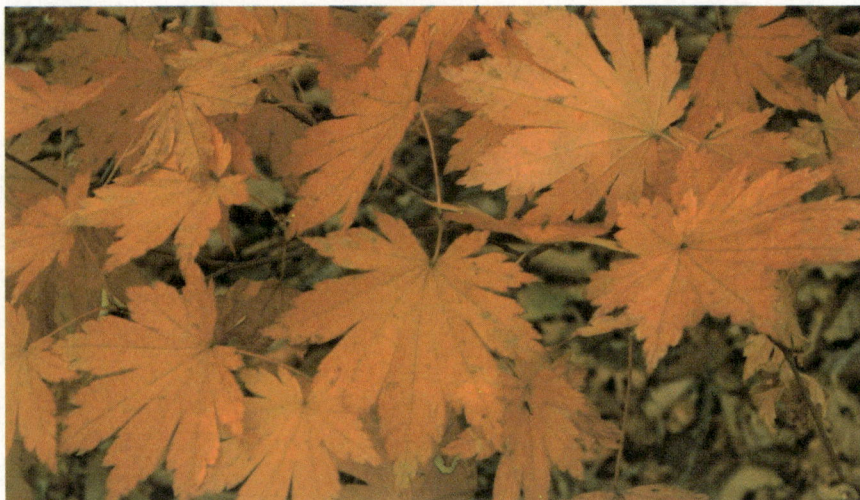

秋天的枫树叶

　　绿色是叶片的基本颜色，有嫩绿、浅绿、鲜绿、浓绿、黄绿、赤绿、褐绿、蓝绿、墨绿、亮绿和暗绿等。叶色呈深浓绿色的木本植物有油松、圆柏、雪松、云杉、侧柏、山茶、女贞、桂花、槐、榕、毛白杨等；叶色呈浅淡绿色的木本植物有水杉、落叶松、金钱松、七叶树、鹅掌楸、玉兰等。有些植物的叶片会呈现其他颜色，如叶色为金黄色的有金叶鸡爪槭、金叶雪松、金叶圆柏等，叶色为紫色的有紫叶小檗、紫叶欧洲榛、紫叶李、紫叶桃等。有些植物只在秋季呈现其他颜色，如叶色为红色或紫红色的有鸡爪槭、五角枫、茶条槭、枫香、小檗、樱花、漆树、盐肤木、黄连木、柿、黄栌、花楸、乌桕、石楠、卫矛、山楂等，叶色为黄色或黄褐色的有银杏、白蜡、鹅掌楸、加拿大杨、柳、梧桐、榆、槐、白桦、无患子、复叶槭、紫荆、栾树、麻栎、栓皮栎、悬铃木、胡桃、水杉、落叶松、金钱松等。还有一些植物的叶背和叶表的颜色显著不同，如银白杨、胡颓子、栓皮栎等。有些植物绿色的叶片上具有斑点或条纹，如桃叶珊瑚、变叶木、金心黄杨、银边黄杨、洒金珊瑚等。

山　茶

　　山茶，又称为"山茶花"，为常绿灌木或小乔木，属于山茶科山茶属，是中国十大名花之一。花具有红、白、黄、紫、深紫等颜色，有单瓣和重瓣两大类，是中国传统的观赏花卉之一。

色木槭的叶

五　角　枫

　　五角枫为落叶乔木，属于槭树科槭树属，大多数的叶掌状五裂，裂深达叶片中部，因此得名。当年生枝呈淡紫色，老枝呈深紫色，花呈深绿色，子房呈紫色，嫩果呈淡紫色，成熟后变成淡黄色，具有极高的观赏价值。

变　叶　木

　　变叶木，又称为"洒金榕"，属于大戟科变叶木属。叶片含有色素，呈绿、黄、白、橘、红和紫等色，有的品种还有斑块和条纹，叶形因品种而不同，有线形、披针形或卵形等。

63

白　蜡

小叶白蜡

　　白蜡，又名青榔木、白荆树，属于木樨科白蜡树属，落叶乔木或灌木。中国人民在该树上放养白蜡虫，白蜡树因此得名。木材坚韧，耐水湿，适合制作家具、农具、胶合板等。枝条可编筐。树皮可入药，称为"秦皮"，具有清热的功效。同属植物有70种左右，主要分布于北半球温带，中国有20种左右。植株喜湿润，多分布于山涧溪流旁。白蜡形体端正，树干通直，枝叶繁茂，秋季树叶变成橙黄色，是优良的行道树和遮阴树。植株喜光，对霜冻较敏感，抗烟尘，对二氧化硫、氯气、氟化氢有较强抗性，萌芽力和萌蘖力均强，耐修剪，生长较快，寿命较长。

　　白蜡的树冠卵圆形，树皮呈黄褐色；小枝光滑无毛。奇数羽状复叶对生，小叶5～9枚，通常7枚，卵圆形或卵状披针形，长3~10厘米，先端渐尖，基部狭，不对称，缘有齿，表面无毛，背面沿脉有短柔毛。圆锥花序侧生或顶生于当年生枝上，大且疏松，下垂，夏季开花；花萼钟状，雄蕊2枚；无花瓣。翅果倒披针形，长3~4厘米，先端具翅。种子矩圆形。花期3~5月，果实10月成熟。

大叶白蜡树

大叶白蜡树，又称为"花曲柳"，为落叶乔木，属于木樨科白蜡属，高达15米，花萼钟状，没有花瓣，适合孤植、丛植和行植，可作行道树和庭院树等。

小叶白蜡树

小叶白蜡树，又称为"苦枥白蜡树"，为落叶乔木，属于木樨科白蜡属，高达5米。枝干和树干干燥的皮称为"秦皮"，可以入药，具有清肝明目、平喘止咳的功效。

对节白蜡树

对节白蜡树为落叶乔木，属于木樨科白蜡属，高达19米。侧生小枝呈棘刺状；叶呈绿色，披针形。植株枝叶稠密，适合孤植和群植，也可用于制作盆景。

小叶白蜡

木本植物的开花顺序

　　植物的生长点可以分化为叶芽和花芽，由叶芽向花芽转变的过程，称为"花芽分化"。木本植物开花的先后与花芽萌动的先后相一致。不同植物的开花时间不同，各种植物开花的时间有一定顺序性，一般按以下顺序开放：银芽柳、毛白杨、榆、山桃、侧柏、圆柏、玉兰、加拿大杨、小叶杨、杏、桃、绦柳、紫丁香、紫荆、核桃、牡丹、白蜡、苹果、桑、构树、栓皮栎、刺槐、枣、板栗、合欢、梧桐、木槿、槐等。同一株植株上不同部位的枝条的开花时间不同，一般短花枝先开，长花枝和腋花芽后开；向阳面的外围枝先开，背阴面的外围枝后开。不同类型的花序的开花时间也不同，花序为伞形总状花序的植株，顶花先开，如苹果；花序为伞房花序的植物，基部边花先开，如梨；花序为柔荑花序的植物，基部的花先开。

桃花

桃

桃为落叶乔木，属于蔷薇科桃属，原产于中国西北部，是重要的水果品种之一。油桃、蟠桃和碧桃都是桃属的变种。除油桃外，果实表面均具有绒毛，食用时需要清洗干净。

牡　丹

牡丹，被称为"花中之王"，素有"国色天香"的美誉，属于芍药科芍药属。花有单瓣和重瓣两大类，花型大，有粉、红、白、黄、紫等颜色。在中国，牡丹是富贵吉祥的象征。

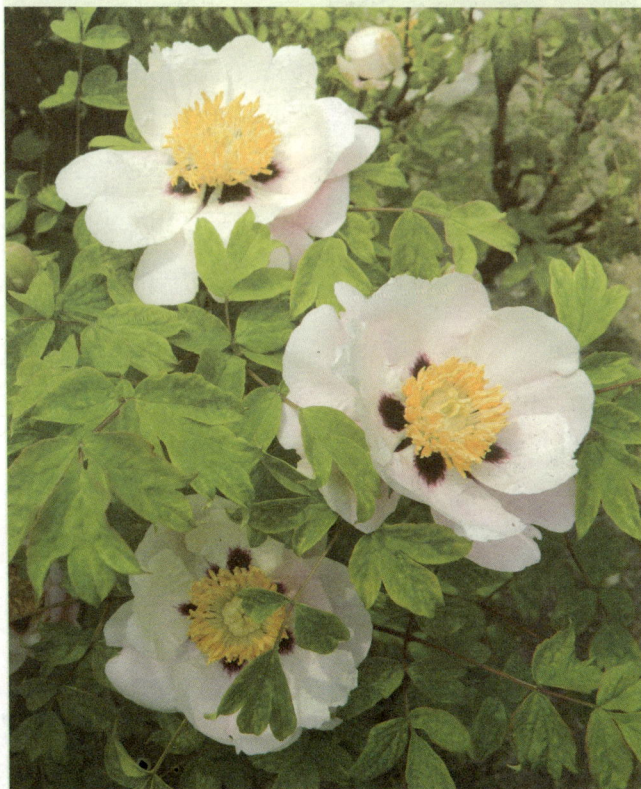

牡丹

木　槿

木槿为落叶灌木或小乔木，高3～4米，属于锦葵科木槿属。花萼钟状，长14～20毫米；花期7～10月。植株耐修剪，可作绿篱栽培，也可制作盆景。木槿抗烟尘，能够吸附有害气体，是绿化的优良树种之一。

67

银芽柳

　　银芽柳，又名银柳，属于杨柳科柳属，为落叶灌木。每年的早春，紫红色的枝头就会萌发出毛茸茸、形似毛笔头的花芽，其色洁白，素雅清新，是优良的早春观芽植物，到了夏季则绿叶婆娑，潇洒自然。银芽柳花序上的银白色绒毛非常适合染色，浸泡在染料溶液中，可以染成各种鲜艳的颜色，是春节期间主要的切花材料，适于瓶插观赏。

　　银芽柳高2～3米，基部抽枝，枝丛生，呈绿褐色，具红晕，新枝有绒毛，老枝光滑。叶互生，披针形，长9～15厘米，边缘有细锯齿，叶背面密被白毛，半革质。雌雄异株，花芽肥大，先花后叶。花序为柔荑花序，雄花序椭圆柱形，长3～6厘米，早春于叶前开放，盛开时花序密被银白色绒毛。花期12月至翌年2月。植株喜光，喜湿润，较耐寒。

银芽柳

花朵染色

首先将采切下来的银芽柳剥去芽鞘外壳，露出白色绒毛，然后按同等长度10支一束捆扎，再将10束扎成一大捆。随后将银芽柳在事先调好的染料溶液中浸泡。浸泡1～2分钟后即可取出晾晒，到染料风干为止。

节庆花卉

通过调节栽培环境的温度、光照等条件控制植物的花期，使植物能够在节日盛开，这些植物称为"节庆花卉"。常见的节庆花卉有蝴蝶兰、水仙、凤梨、大花蕙兰、火鹤、仙客来等。

柔荑花序

柔荑花序与穗状花序非常相似，花轴下垂，由许多单性花组成，这些花一般没有柄，即使有柄也非常短，开花后整个花序常常一起脱落。杨树、柳树、榛树等植物的花序都是柔荑花序。

蝴蝶兰

花　色

　　木本植物的花的颜色千变万化，基本的颜色如下：

　　花色为红色系的植物有：海棠、桃、杏、梅、樱花、蔷薇、玫瑰、月季、贴梗海棠、石榴、牡丹、山茶、杜鹃花、锦带花、夹竹桃、毛刺槐、合欢、粉花绣线菊、紫薇、榆叶梅、紫荆、木棉、凤凰木、刺桐、象牙红、扶桑等。

　　花色为黄色系的植物有：迎春、迎夏、连翘、金钟花、桂花、黄刺玫、黄蔷薇、黄瑞香、黄牡丹、黄杜鹃、金丝桃、金丝梅、蜡梅、金老梅、珠兰、黄蝉、金雀花、金莲花、黄夹竹

贴梗海棠

桃、小檗、金茶花等。

　　花色为蓝色系的植物有：紫丁香、杜鹃花、木兰、木槿、泡桐、八仙花、牡荆、醉鱼草、假连翘、薄皮木等。

　　花色为白色系花的植物有：茉莉、白丁香、白牡丹、白茶花、溲疏、山梅花、女贞、荚蒾、枸橘、甜橙、玉兰、珍珠梅、广玉兰、白兰、栀子花、梨、白碧桃、白蔷薇、白玫瑰、白杜鹃花、刺槐、绣线菊、银薇、白木槿、白花夹竹桃、络石等。

贴梗海棠

　　贴梗海棠属于蔷薇科木瓜属，是中国传统花卉之一，早在《群芳谱》中就有记载。果实为梨果，呈黄绿色，是中国特有的水果，可以入药；花呈红色，于春季开放，一般早于叶开放，具有极高的观赏价值。

黄 刺 玫

　　黄刺玫为落叶灌木，属于蔷薇科蔷薇属，分为单瓣和重瓣两大类。植株耐阴、耐旱、耐寒，花呈黄色，花期长，枝繁叶茂，适合群植和制作花篱，是北方春夏重要的观赏植物。

茉 莉

　　茉莉为常绿灌木或藤本，属于木樨科素馨属。花色洁白，香气浓郁，花期较长，叶色浓绿，叶面光亮，适合盆栽。干制的花瓣可以和茶叶一起冲泡，味道清新。

合　欢

合欢的花

　　合欢，又名绒花树、夜合花、马缨花、夜合树、芙蓉树，属于豆科合欢属，为落叶乔木，原产于中国，分布在亚洲东部和非洲，小叶在夜间叠合，因此得名。合欢绿荫如伞，树形姿势优美，叶形雅致，盛夏绒花满树，适合栽于庭院内供观赏，是绿荫树和行道树的优良树种。木材耐水湿，可制作家具；树皮含鞣质，纤维可制人造柏；种子可榨油；树皮和花可入药，具有安神、活血、止痛的功效；对二氧化硫、氯气等有毒气体有较强的抗性。植株耐寒，耐热，耐砂土和干燥环境。

　　合欢高4～15米，树冠伞形。叶互生，羽片4～12对，小叶10～30对，长圆形至线形，长6～12毫米，宽1～4毫米，昼开夜合。头状花序皱缩成团，伞房状排列，腋生或顶生；花呈粉红色，形似绒球，清香袭人；雄蕊花丝犹如缕状，半白半红。荚果线形，扁平，长9～15厘米，宽1.2～2.5厘米，幼时有毛。花期6月，果期9～11月。

行 道 树

行道树是指种植于道路两侧的园林树木，以树形高大的落叶阔叶乔木为主，能够净化空气、减少噪音、降低道路曝晒程度。常见的行道树有杨树、柳树、槐树、樟树、椴树、榆树、枫树、银杏等。

孤 植 树

孤植树是指在园林绿化时，单独种植的树木。孤植树树冠较大，生长时间较长，树形优美或奇特，枝繁叶茂。历史古迹中的孤植树常常具有许多传说，与历史紧密结合，它本身就是历史的一部分。

列 植

列植是指在园林绿化时，将树木按一定的株行距成行或成排地种植，在规则式园林中应用较多，行道树的种植方式就属于列植。乔木或灌木都可以进行列植。

行道树

榆叶梅

榆叶梅

　　榆叶梅，又名榆梅、小桃红，属于蔷薇科梅属，为落叶灌木，原产于中国北部。因其叶似榆，花如梅，故名"榆叶梅"，常与连翘搭配种植，盛开时红黄相映更显春意盎然。它是中国北方地区普遍栽培的早春观花树种。

　　榆叶梅高2～3米，枝细小光滑，树干呈红褐色，主干树皮剥裂。叶椭圆形，长3～6厘米，单叶互生，其基部呈广楔形，端部三裂，边缘有粗锯齿。花单生，花梗短，紧贴生在枝条上，花径2～3.5厘米，初开多呈深红色，渐渐变成粉红色，最后变成粉白色，花有单瓣、重瓣和半重瓣之分。花期为3～4月。7月结果，果实呈红色，球形，也很美观。

　　榆叶梅品种极为丰富，主要有单瓣榆叶梅、重瓣榆叶梅、半重瓣榆叶梅、弯枝榆叶梅、截叶榆叶梅等。

单瓣榆叶梅

　　单瓣榆叶梅开粉红色或粉白色花，单瓣，花朵小，花萼、花瓣均为5枚，与野生榆叶梅相似。小枝呈红褐色。

重瓣榆叶梅

　　重瓣榆叶梅开红褐色花，花朵大，重瓣，花朵多且密集，花萼10枚以上，花萼和花梗均带有红晕。

弯枝榆叶梅

　　弯枝榆叶梅花朵小，密集生在枝上，花色呈紫红色，半重瓣或重瓣，花瓣10枚，其中5枚为三角形，5枚为披针形。小枝呈紫红色，光滑，开花时间较其他品种早，花期长达10天。

榆叶梅

开花与展叶

有些木本植物在春季萌芽前，花器的分化已经完成，花芽萌动不久即开花，先开花后长叶，如银芽柳、迎春花、连翘、山桃、梅、杏、李、紫荆等。有些植物在春季萌芽前，花器的分化已经完成，但是开花和展叶几乎是同时的，如榆叶梅、桃。有些植物能在短枝上形成混合芽，混合芽虽先抽枝展叶而后开花，但多数短枝抽生时间短，很快见花，开花和展叶也几乎是同时的，如苹果、海棠、核桃等。有些植物于前一年形成的混合芽抽生出相当长的新梢，花芽位于新梢上，在较高的温度下才能萌芽，萌芽较晚，展叶先于开花，如葡萄、柿子、枣等。多数植物的花器在当年生长的新梢上形成并完成分化，一般于夏季和秋季开花，展叶很久后，才会开花，如木槿、紫薇、凌霄、槐、桂花、珍珠梅、荆条等。有些植物甚至延迟至初冬季节才开花，如枇杷、油茶、茶树等。

刺槐花

紫荆

紫荆为落叶灌木或乔木，属于豆科紫荆属。植株春季开花，是春季重要的观赏植物之一。花紫红色，先于叶开放，满树繁花，适合群植，也可盆栽或制作盆景。据《本草纲目》记载，紫荆的叶和花可以入药。

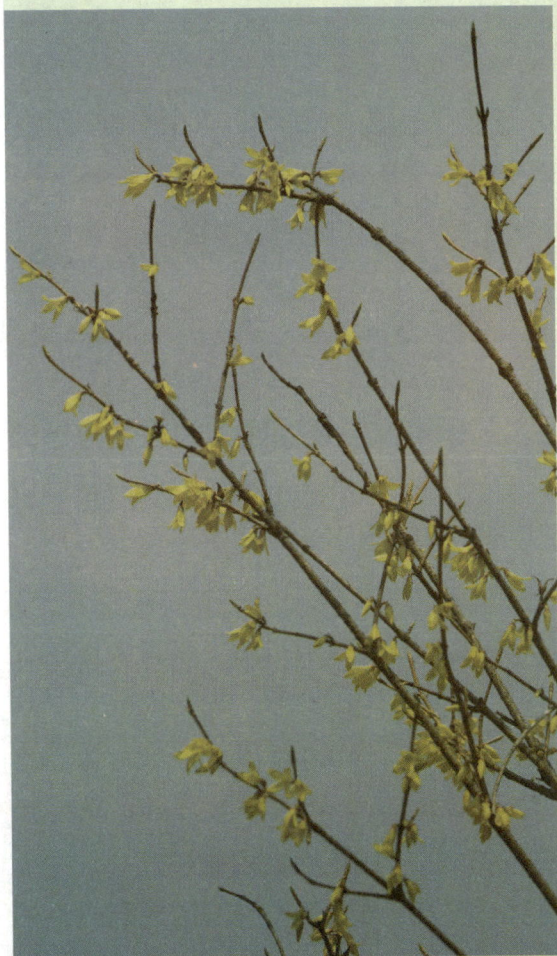

枣

枣为落叶乔木，高达10米，属于鼠李科枣属。果实为核果，成熟时呈暗红色，富含营养物质，是重要的水果品种。枣的枝干木质坚硬，尤其适合制作擀面杖。

珍珠梅

珍珠梅为落叶灌木，属于蔷薇科珍珠梅属。幼枝呈嫩绿色，成熟后呈暗红褐色，圆锥花序生于茎顶端，植株耐阴、耐寒、耐旱、耐修剪，适合孤植，在中国北方地区能够露地越冬。

先开花后长叶

连 翘

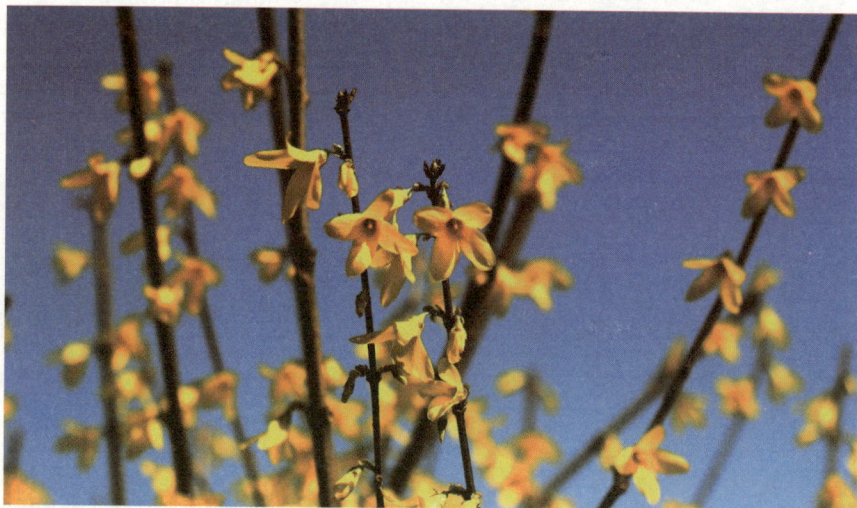

连翘

　　连翘，又名一串金，属于木樨科连翘属，为蔓生落叶灌木，多丛生于山野荒坡间，各地都有栽培。根、茎和叶都可以药用，具有清热解毒的功效，可以用于治疗风热感冒、发热、心烦、咽喉肿痛等症。

　　连翘高1～3米，枝从基部丛生，枝条拱形下垂，呈棕色、棕褐色或淡黄褐色；小枝呈土褐色，四棱形，疏生皮孔，节间中空，节部具实心髓。每年3～5月花先叶开放，10～20天后逐渐凋落，花呈金黄色，1～3朵或6朵，着生于叶腋处；花梗长5～6厘米；花萼4裂，呈绿色，裂片长圆形，边缘具睫毛，与花冠管近等长；花冠呈黄色，裂片倒卵状椭圆形，花冠筒内有橘红色条纹；雄蕊2枚，着生于花冠筒基部；子房2室；花柱长于雄蕊，柱头2裂。每年4～5月萌发生长新枝和叶，叶为单叶对生或羽状三出复叶，顶端小叶大，其余两片小叶较小；叶卵形或椭圆状卵形，长3～10厘米，宽2～5厘米，先端渐尖或急尖，基部圆形至宽楔形；叶缘除基部外具锐锯齿或粗锯齿，上面呈深绿色，下面呈淡黄绿色，两面无毛；叶柄长1～2厘米。蒴果卵圆形，先端有短喙，表面散生瘤点，2室，开裂。种子多数，具膜质翅。

青　翘

　　青翘多不开裂，呈绿褐色，表面凸起的灰白色小斑点较少，以身干、色黑绿、完整不裂口、无杂质者为佳。

老　翘

　　10月成熟，自尖端开裂或裂成两瓣，表面呈黄棕色或红棕色，内表面多呈浅黄棕色，以身干、色棕黄、壳厚、显光泽、枝柄剔净、果瓣开裂者为佳。

干燥的果实

　　干燥的果实为长卵形，长1.5～2厘米，直径0.6～1厘米，顶端锐尖，基部有小柄，或已脱落，表面有不规则的纵皱纹及多数凸起的小斑点，两侧各有1条明显的纵沟。

连翘的果实

木本植物的果实类型

果实分为单果、聚合果和聚花果三类。

单果由一朵花中的一枚单雌蕊或复雌蕊参与形成，分为肉质果和干果两类。肉质果又分为浆果、核果、柑果、梨果和瓠果。浆果的外果皮薄，浆汁丰富，如树莓、醋栗、越橘、无花果、石榴、杨桃、番石榴。核果具有坚硬的果核，如桃、李、杏、马缨丹、樱桃、枣。柑果是柑橘类植物所特有的肉质果，如柑橘、金橘。梨果的外果皮与中果皮没有明显的界线，内果皮木质化，如梨、苹果、枇杷、山楂。

干果又分为荚果、蓇葖果、角果、蒴果、颖果、坚果、翅果、双悬果。荚果是豆科植物所特有的干果，如含羞草、合欢、皂荚、决明子。

蓇葖果成熟时，沿腹线缝线开裂，或沿背缝线开裂，如木兰、八角茴香、木兰。坚果含一粒种子，属于果皮坚硬木质化的不开裂干果，如榛子、板栗。翅果属于不开裂果，果皮的一部分向外扩展成翼翅，如槭树。聚花果是由整个花序发育而成的，如桑葚、榕树。

浆果

越　橘

越橘为落叶灌木，属于杜鹃花科越橘属，原产于北美洲，品种众多，主要有兔眼越橘、蔓越橘、狭叶越橘等。果实呈深蓝色或深红色，含有果胶、单宁、维生素、花青素等多种营养成分。

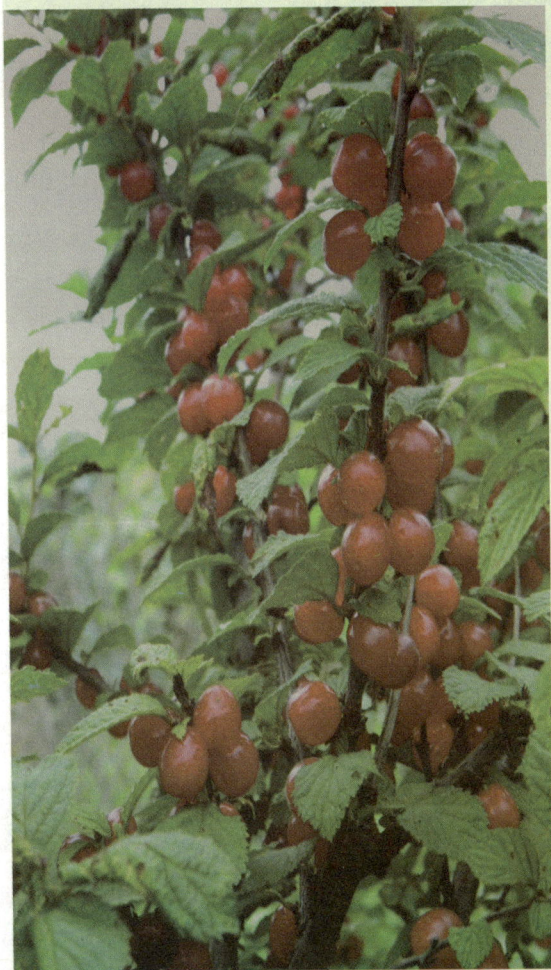

樱　桃

樱桃，又称为"莺桃"或"含桃"，为落叶乔木，高达8米，属于蔷薇科樱属。果实为核果，呈红色，味甜，晶莹剔透，含有多种营养物质。樱桃是中国传统的水果品种。

山　楂

山楂，又称为"山里红"，为落叶小乔木，属于蔷薇科山楂属。小枝呈紫褐色，老枝呈灰褐色。果实呈深红色至棕红色，味酸，可以入药，具有开胃消食的功效。

樱桃

无花果

无花果

　　无花果，又名天仙果、明目果、映日果等，属于桑科榕属，落叶灌木或乔木，原产于欧洲地中海沿岸和中亚地区，在西汉时期引入中国。无花果富含糖、蛋白质、氨基酸、维生素和矿质元素，能促进人体对食物的消化。无花果可食部分是由花托肥大而成的聚合果，单花及由其发育的瘦果隐生于肉质花托内部，外观上似不花而实，因此得名。无花果能抵御二氧化碳、二氧化硫、硝酸雾、苯、粉尘等有害气体的污染，是优良的绿化树种。

　　无花果高达12米，树皮光滑，呈灰白色或略带褐色；全株具乳管，可分泌白色乳汁；干皮呈灰褐色，平滑或不规则纵裂；小枝粗壮，托叶包被幼芽，托叶脱落后在枝上留有极为明显的环状托叶痕。单叶互生；具长柄，叶片大，厚膜质，宽卵形或近球形，长10～20厘米，上面粗糙，下面有短毛，呈暗绿色，常有3～7裂；冬季落叶后在枝条上留下三角形的大型叶痕，边缘有波状齿，叶腋内可形成2～3个芽，其中小且呈圆锥形的为叶芽，其他大且圆者为花芽。花单性，呈淡红色，埋藏于隐头花序中。果实有扁圆形、球形、梨形或坛形等，果皮色泽亦有绿、黄、红、紫红之分，但多呈黄色，果肉多呈黄色、浅红色或深红色。

聚合果

聚合果是指由多个小单果聚生在一起形成的果实，瘦果、浆果、核果、蓇葖果都能聚生成聚合果。小单果是由一朵花中的多枚离生雌蕊形成的，每枚雌蕊形成一个小单果。

瘦果

瘦果是干果的一种，属于闭果，由具有单一心皮的子房发育而成，果实内仅含有1枚种子，种子只有一处与子房壁相连，成熟时种皮与果皮易分开。向日葵、蒲公英的种子都属于瘦果。

瘦果

花托

花托一般略膨大，位于花柄或小花梗的顶端，形状多样，主要有圆柱状、覆碗状、碗状、圆锥形，有一些植物的花托能够延伸成雌蕊柄、雄蕊柄、雌雄蕊柄、花冠柄等。

果实的色彩

卫矛的果实

　　果实的颜色也是丰富多彩的，常见的颜色如下：

　　果实为红色系的植物有：桃叶珊瑚、小檗、平枝枸子、水枸子、山楂、冬青、枸杞、火棘、花楸、樱桃、毛樱桃、郁李、欧李、麦李、枸骨、金银木、珊瑚树、紫金牛、橘、柿、石榴等。

　　果实为黄色系的植物有：银杏、梅、杏、柚、甜橙、佛手、金柑、枸橘、南蛇藤、梨、木瓜、贴梗海棠、沙棘等。

　　果实为蓝紫色系的植物有：紫珠、蛇葡萄、葡萄、十大功劳、李、蓝果忍冬、桂花、白檀等。

　　果实为黑色系的植物有：小叶女贞、小蜡、女贞、刺楸、刺五加、枇杷叶荚蒾、鼠李、常春藤、君迁子、金银花、黑果忍冬、黑果枸子等。

　　果实为白色系的植物有：红瑞木、芫花、雪果、湖北花楸、陕甘花楸、西康花楸等。

　　果实具有丰富的色彩，容易招引鸟类动物和小型兽类动物，有些植物就是靠这些动物采食果实来传播种子的。

石　榴

　　石榴，又名安石榴、丹若等，为落叶灌木或小乔木，属于石榴科石榴属。果实为浆果，外种皮肉质，呈鲜红色、淡红色或白色，味甜，可以食用，富含维生素C，可以入药，具有杀虫、收敛、止泻的功效。

番　木　瓜

　　番木瓜，原产于美洲，高2～3米，属于番木瓜科番木瓜属。植株分为单性植株和两性植株两类。单果重1～2.5千克，果肉厚，呈橘黄色或红色，分为食用和药用两大类。

越橘的果实

刺　五　加

　　刺五加，又名五加皮、刺拐棒，为落叶灌木，属于五加科五加属，生于山坡林地和路旁。嫩枝和嫩叶可以食用，根皮和果实可以入药，具有祛风湿、强筋骨的功效。

桑 树

桑树，又名桑白皮、根皮、桑皮、双皮、蚕叶，属于桑科桑属，为落叶乔木，原产于中国中部。中国是世界上种桑养蚕最早的国家，中国栽培桑树已经有7000多年的历史，桑树在中国各地均有栽培。在商代，甲骨文中已出现桑、蚕、丝、帛等字形。桑树的枝、叶和树皮都是天然的植物染料，能够染出卡其黄色。根和叶可入药，根有泻肺平喘、利水消肿等功效，可用于治疗肺热喘痰、水肿，捣汁涂或煎水洗，可治疗脚气。采收时，多在春季、秋季挖取根部，去净泥土及须根，趁鲜时刮去黄棕色粗皮，用刀纵向剖开皮部，使皮部与木部分离，除去木心，晒干。叶具有清肺、明目等功效，可用于治疗风热感冒、发热头痛、咳嗽胸痛、咽干口渴、目赤肿痛等症。

桑树为落叶乔木，高16米，胸径达1米；树冠倒卵圆形；根圆柱形，粗细不一，直径为2～4厘米；树干外皮呈黄褐色或橙黄色，粗皮易鳞片状裂开或脱落，可见横长皮孔，质地坚韧，难以折断，切面皮部呈白色或淡黄白色，纤维性强。叶卵形或宽卵形，先端尖或渐短尖，基部圆或心形，锯齿粗钝；幼树的叶常有浅裂、深裂，上面无毛，下面沿叶脉疏生毛，脉腋簇生毛。聚花果（桑葚）呈紫黑色、淡红色或白色，多汁味甜。花期4月，果熟期5～7月。

木 菠 萝

木菠萝，又名菠萝蜜、树菠萝，为乔木，高达15～20米，属于桑科菠萝属，适宜生长于热带地区。果实为聚花果，单果重5～15千克，果肉肥厚，清甜可口，香味浓郁，被誉为"热带水果皇后"。

见血封喉

见血封喉，又名箭毒木，高达40米，属于桑科见血封喉属。植物的液体有剧毒，因此得名。果实成熟时呈鲜红色至紫红色，有毒，不能食用。树皮可用于制作纤维。

桑 葚

桑树的果实称为"桑葚"，为聚花果，酸甜可口，可以食用，含有丰富的维生素、糖类物质、胡萝卜素、苹果酸、矿物质等营养成分，可以入药，具有滋阴补血、生津止渴等功效。

枸　杞

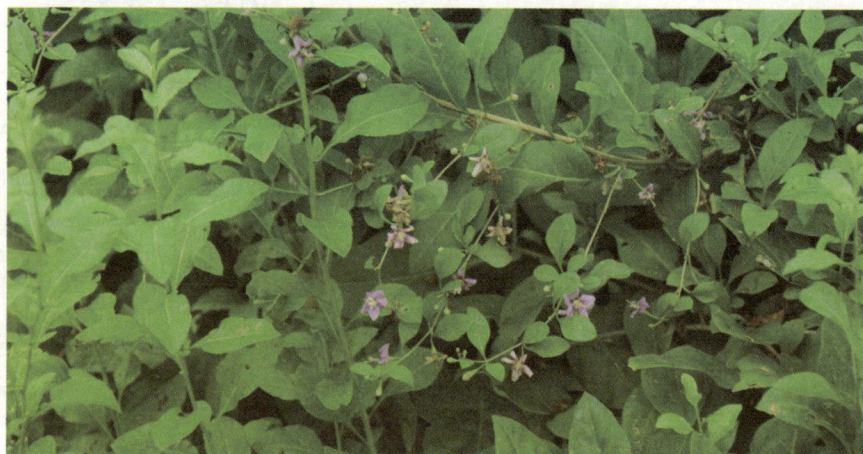

枸杞

　　枸杞，又名枸杞果、地骨子、血杞子，属于茄科枸杞属，为落叶灌木。枸杞的果实称为"枸杞子"，具有补肾益精、养肝明目的功效，是中医常用的补血药材之一，中国民间常将其用于药膳之中。果实成熟之时，成串的红色果实挂于枝头，极具观赏价值。

　　枸杞高0.5～2米；主茎数条，粗壮；小枝有纵棱纹，具不生叶的短刺和生叶、花的长刺；果枝细长，通常先端下垂，外皮呈淡灰黄色，无毛。叶互生或数片簇生于短枝上，叶片披针形或长圆状披针形，长2～8厘米，宽0.5～3厘米，先端尖，基部楔形或狭楔形而下延成叶柄，全缘，上面呈深绿色，背面呈淡绿色，无毛。花腋生，常1或2～6朵簇生在短枝上，花梗细；花萼钟状，长4～5毫米，先端2～3深裂，裂片宽卵状或卵状三角形；花冠漏斗状，管部长约8毫米，先端5裂，裂片卵形，长约5毫米，呈粉红色或淡紫红色，具暗紫色脉纹，管内雄蕊着生处上方有一圈柔毛；雄蕊5枚，雌蕊1枚，子房长圆形，2室，花柱线型，柱头头状。浆果卵圆形、椭圆形或阔卵形，长8～20毫米，直径为5～10毫米，呈红色或橘红色，果皮肉质。种子多数，近圆肾形而扁平，呈棕黄色。花期5～10月，果期6～11月。

曼陀罗

曼陀罗，又名醉心花、洋金花、枫茄花、大喇叭花，属于茄科曼陀罗属。花呈白色，喇叭形，含有能够刺激神经，使人产生幻觉的化学物质，不可食用，可以作为园林栽培树种进行观赏。

浆　果

浆果为肉质果，属于单果，由多枚心皮合生的雌蕊发育而成，含有一至多枚种子。葡萄、猕猴桃、草莓、树莓、越橘等水果，番茄、西瓜、黄瓜等蔬菜的果实都属于浆果。

浆果

药　茶

药茶是指在茶叶中添加中药材制成的液体，具有一定的疗效，能够养生或治疗一些疾病。中国关于药茶的最早记载见于《广雅》，《千金要方》《太平圣惠方》《本草纲目》中记载有多个药茶方剂。

果实和种子的传播

柿子的果实

　　植物的果实和种子成熟之后，需要借助外力或自身的弹力，将果实和种子传到远方，以扩大其后代的生长范围。果实和种子的传播方式主要有：

　　借助风力传播。有些植物的种子细小质轻，有些植物的果实顶端生有冠毛，有些植物的果实外具薄膜状气囊，皂荚的种子具翅，垂柳和白杨的种子外被细绒毛，这些种子都易漂浮于空中而被吹送至远方。

　　借助水利传播。水生植物和生长于沼泽地带植物的果实或种子多具有漂浮结构。椰子外皮平滑，不透水，中果皮疏松，呈纤维状，充满空气，可随海流漂至远处海岛的沙滩而萌发。

　　借助动物和人类的活动传播。有些植物的果实外面生有钩刺，能够附于动物的皮毛上或人们的衣服上，从而被携至远方；有些植物的果实具有宿存黏萼，易黏附在动物毛皮上面传播；有些植物的果实或种子具有坚硬的果皮或种皮，被动物吞食后不至于被消化，随粪便排出体外而散播。

黑　枣

黑枣，又名君迁子、软枣，为落叶乔木，高5～10米，属于柿树科柿属。果实为浆果，成熟初期呈淡黄色，成熟后变成蓝黑色，被白色蜡质物质，富含维生素、矿物质，可以生食或酿酒。

柿　子

柿子，为落叶乔木，属于柿树科柿树属，原产于中国，在中国有着悠久的栽培历史，分为涩柿和甜柿两大类。涩柿富含单宁酸，味涩，采摘后需要经过脱涩才能食用，最简单的脱涩方法是与其他成熟的水果放在一起。

苍耳的果实

树　莓

树莓，又名悬钩子、山莓，属于蔷薇科悬钩子属，落叶灌木，高1～2米，小枝呈红褐色，有皮刺。果实为聚合果，球形，成熟时呈红色，可以直接食用，也可以酿酒。

皂荚

　　皂荚，又名鸡栖子、皂角、长皂荚、大皂角、悬刀、乌犀，属于苏木科皂荚属，为落叶乔木，是中国特有的树种之一，在中国主要分布于四川、河北和陕西等地。种子具有祛痰止咳、杀虫散结、消积化食等功效。果实称为"皂荚"，是洗涤用品、化妆品和保健品的天然原料。皂荚刺（皂针）内含黄酮苷、酚类、氨基酸，有很高的加工价值。皂荚的生长速度慢但寿命很长，可达600～700年。

　　皂荚高达15～30米，树干皮呈灰黑色，浅纵裂；干和枝条常具刺，刺圆锥状多分枝，粗且硬直；小枝呈灰绿色，皮孔显

皂荚

著；冬芽常叠生。一回偶数羽状复叶，有互生小叶3～7对；小叶长卵形，先端钝圆，基部圆形，稍偏斜，薄革质，缘有细齿，背面中脉两侧及叶柄被白色短柔毛。雌雄异株，雌树结荚（皂角）能力强，杂性花，腋生，总状花序，花梗密被绒毛，花萼钟状被绒毛，花呈黄白色。荚果平直肥厚，长达10～20厘米，不扭曲，表面不平，呈红褐色或紫红色，被灰白色粉霜，擦去后有光泽，成熟时呈黑色，被霜粉，背缝线突起成棱脊状，质坚硬，剖开后呈浅黄色，内含多枚种子。种子扁椭圆形，外皮呈黄棕色且光滑，质坚。花期5～6月，果熟9～10月。

肥 皂 荚

肥皂荚，又名肥皂树，为乔木，高5～12米，属于豆科肥皂荚属。果实为荚果，可以入药，具微毒，可以用于治疗疮、癣等。种子、树皮和根也可入药，具有祛风除湿、活血消肿等功效。

无 忧 花

无忧花，又名火焰花、四方木，为常绿乔木，属于苏木科无忧花属，适宜生于热带地区，是著名的佛教花卉之一。花大，花色鲜红，盛开时如火焰，因此又名"火焰花"。

金叶皂荚

金叶皂荚，为落叶乔木，是阔叶树种之一，高9～10米，属于苏木科皂荚属。嫩叶呈金黄色，成熟后变成浅黄绿色，到了秋季，树叶变成金黄色，极具观赏价值，是重要的园林树种。

授　粉

授粉是被子植物结成果实必经的过程。花朵中通常有一些黄色的粉，称为"花粉"。花粉由色素、碳水化合物、脂类、氨基酸、酶类、植物激素、维生素和无机盐组成。花粉的无机盐主要包括磷、钾、钙、镁、钠和硫等。花粉还含有铝、铜、铁、锰、锌、硅等微量元素。将花粉传给同类植物的某些花朵的过程，称为"授粉"。

根据授粉对象的不同，植物的授粉方式可分为自花授粉和异花授粉两类。一株植物的花粉对同一个体的雌蕊进行授粉的现象，称为"自花授粉"。有的植物雄蕊和雌蕊不长在同一朵

自然授粉

花里，甚至不长在同一株植物上，这些花就无法自花授粉了，它们的雌蕊必须得到另一朵花的花粉，才能完成授粉，这种授粉方式称为"异花授粉"。植物授粉方式还可分为自然授粉和人工辅助授粉两类。人工辅助授粉的具体方法，不同作物不完全一样，一般是先从雄蕊上采集花粉，然后撒到雌蕊柱头上，或者将收集的花粉，在低温和干燥的条件下加以贮藏，留待以后再用。

天然色素

天然色素是指从动物组织、植物组织或矿物质中提取的色素，其中可以食用的色素称为"天然食用色素"。可以提取天然色素的植物包括万寿菊、辣椒、蓝莓、红花、甜菜、姜、胡萝卜等植物。

万寿菊

氨 基 酸

氨基酸是一类有机化合物，是构成蛋白质的基本单位，对人体的新陈代谢有重大影响。人体所需的氨基酸包括蛋氨酸、缬氨酸、异亮氨酸、赖氨酸、苏氨酸、色氨酸、丙氨酸、谷氨酸等。

维 生 素

维生物是维持人体生理活动必不可少的一类有机物质，需要从食物中摄取，分为脂溶性维生素和水溶性维生素两类，包括维生素A、维生素D、维生素E、维生素K、B族维生素和维生素C等。

95

自然授粉的方式

　　自然授粉的方式主要有风媒、虫媒、水媒、鸟媒等。靠风力传送花粉的传粉方式称为"风媒"，借助这类方式传粉的花，称为"风媒花"。大部分禾本科植物和木本植物中的栎、杨、桦等都是风媒植物。靠昆虫为媒介进行传粉的方式称为"虫媒"，借助这类方式传粉的花，称为"虫媒花"。多数有花植物都是依靠昆虫传粉的，常见的传粉昆虫有蜂类、蝶类、蛾类、蝇类等。虫媒花的特点：多具特殊气味以吸引昆虫；多半能产蜜汁；花大且显著，并有各种鲜艳颜色；结构上常和传粉的昆虫形成互为适应的关系。水生被子植物中的金鱼藻、黑藻、水鳖等都是借水力来传粉的，这类传粉方式称为"水媒"。借鸟类传粉的方式称为"鸟媒"，传粉的是一些小形的蜂鸟，头部有长喙，在摄取花蜜时把花粉传开。蜗牛、蝙蝠等小动物也能传粉，但不常见。

虫媒

倒挂金钟

倒挂金钟，又名灯笼花，为多年生灌木，属于柳叶菜科倒挂金钟属，分为单瓣和重瓣两类，花呈白色、橘黄色、紫色、粉红色。花盛开时，形似一个倒挂的钟，因此得名，适合作为盆栽放置于室内。

桦　树

桦树，为落叶乔木或灌木，属于桦木科，是桦木属植物的统称，主要有白桦、红桦、黑桦、硕桦等。树皮可以提取焦油。树皮光滑，花序为柔荑花序，果实为坚果，具膜质翅。桦树是重要的园林栽培树种。

白玉兰

白玉兰，又名玉兰、木兰，为落叶乔木，高2～5米，属于木兰科木兰属。花大，呈白色，有一些品种基部有红晕，味香，先叶开放，是中国北方早春中的观花树种，适合孤植，也可作为行道树或制作盆景。

白玉兰

椴　树

　　椴树，又名叶上果、滚筒树根、千层皮、青科榔，属于椴树科椴树属，为落叶乔木，是优良用材树种。茎皮是提取纤维的原料；花具蜜腺，春末开的满树的小白花，让空气里飘着醉人的类似茉莉的香味，为优良蜜源树种；根可以入药，具有祛风活血、止痛等功效，可用于治疗跌打损伤、风湿疼痛、四肢麻木等症；边材呈黄白色，心材呈黄褐色，纹理致密，不翘不裂，易加工，供家具、建筑、雕刻、胶合板、铅笔杆等用材，因无特殊气味，可制水桶、蒸笼等；树皮纤维可代麻制绳或袋；种子含油量较高，可用于制肥皂及硬化油。

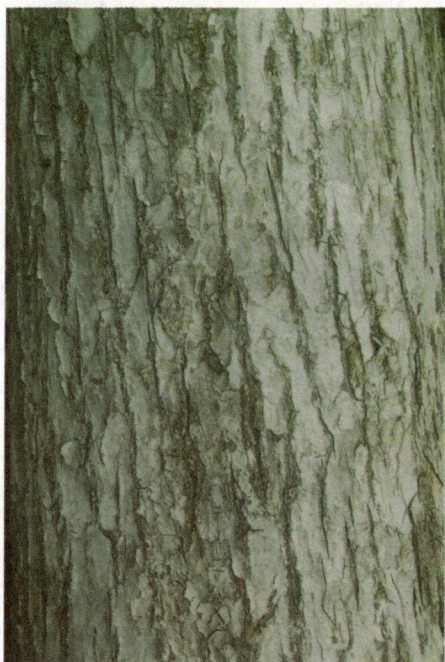

紫椴的树干

　　椴树无顶芽，侧芽单生。叶互生，基部偏斜，有锯齿，少数全缘，有长柄；托叶早落。花两性，呈白色或黄色；聚伞花序，花序梗下半部与窄舌状苞片贴生；萼片5枚；花瓣5枚，覆瓦状排列，基部常有小鳞片；雄蕊多数，离生或合生成5束，有时具花瓣状退化雄蕊，与花瓣对生；子房5室，每室具胚珠2枚。

大 叶 椴

　　大叶椴，又名"糠椴"，为落叶乔木，高达20米，属于锦葵科椴树属。树皮呈灰白色，花序为聚伞花序，花呈黄色。木材结构均匀，重量轻，加工容易，能够制作胶合板、铅笔杆等。

小 叶 椴

　　小叶椴，又名蒙椴、白皮椴，为落叶乔木，属于锦葵科椴树属。树皮纤维发达，可以制作绳子。花序为聚伞花序，花期长，是重要的蜜源植物。木材致密，加工容易，是重要的经济树种。

糠椴的树干

椴 树 蜜

　　椴树蜜为浅琥珀色液体，黏稠透明，结晶细腻，具浓郁的椴树花香味，味道甜润适口，营养价值高，易被肠胃吸收，具有镇静、抗菌的作用，还具有温胃润肠、治疗便秘、清除疲劳的功效。

扦插繁殖

扦插繁殖是指取植株营养器官的一部分，插入疏松湿润的土壤或细沙中，利用其再生能力，生根抽枝，成为新植株的繁殖方法。按取用器官的不同，分为枝插、根插、芽插和叶插。一般草本植物对于插条繁殖的适应性较大，除冬季严寒或夏季干旱地区不能进行露地扦插外，条件适宜时，四季都可以扦插。扦插应在剪取插条后立即进行，尤其是叶插，以免叶子萎蔫，影响生根。用扦插繁殖的植株比播种苗生长快，并能保持原有品种的特性，不宜产生种子的植物，多采用这种繁殖方法。一些能发生不定芽或不定根的植株，可以采取扦插繁殖的方法。扦插时，可将插穗的下切口在促进生根的药剂中蘸一下，取出后再插入基质中，有促进生根的效果，如月季、木槿、凌霄、木兰、夹竹桃、四季海棠等。含水分较多的插穗，在插穗下端蘸一些草木灰，可防止扦插后插穗腐烂，如洋绣球、海棠等。

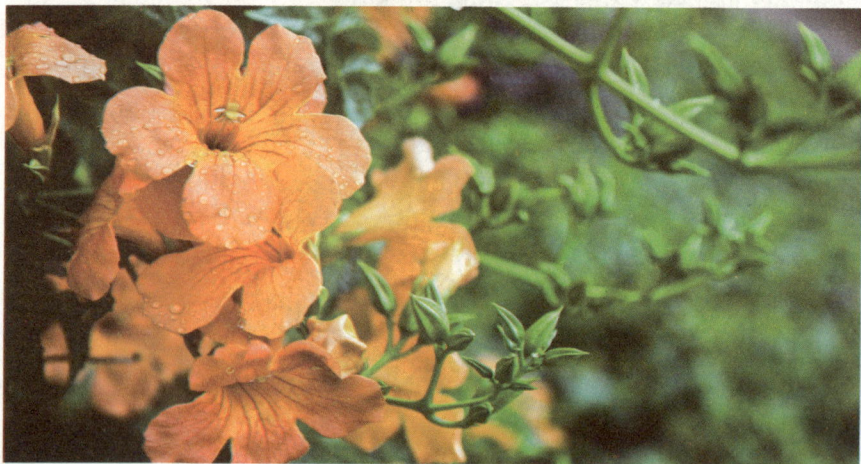

凌霄的花

月　季

月季，又名月月红，被誉为"花中皇后"，为常绿或半常绿灌木，属于蔷薇科蔷薇属，可分为木本和藤本两大类。花大，香味浓郁，有红、粉、白、黄、复色等，是重要的观赏、食用和药用植物。

凌　霄

凌霄，为落叶藤本，长达10米，属于紫葳科凌霄属。花序为聚伞花序，呈橘黄色至棕褐色，花萼钟形，呈绿色，花冠漏斗状，花清香，适合孤植和群植。

西府海棠

西府海棠，为落叶乔木，高达8米，属于蔷薇科苹果属。幼枝呈红褐色，老枝呈暗褐色。植株耐寒、耐旱、喜光，是中国北方重要的园林树种之一。果实可以食用。

天女木兰

夹 竹 桃

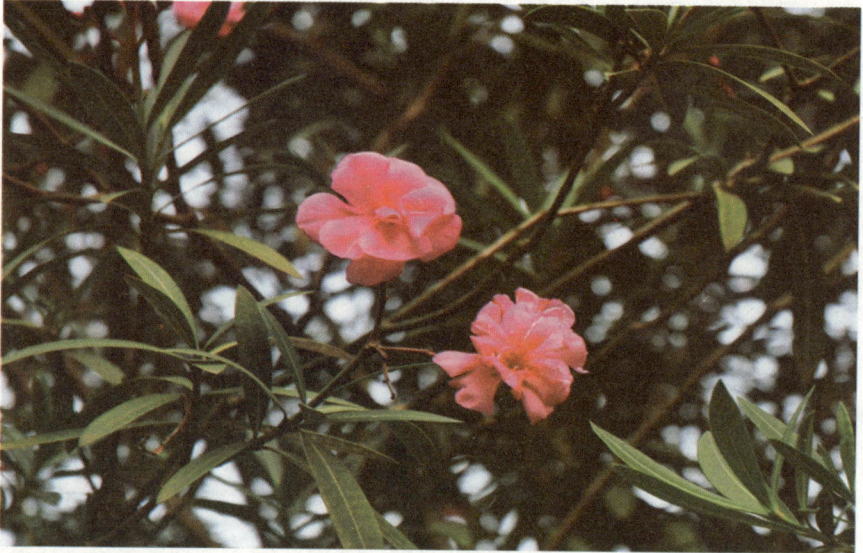

夹竹桃

　　夹竹桃，又名红花夹竹桃、柳叶桃、半年红，属于夹竹桃科夹竹桃属，为常绿大灌木，现广植于热带及亚热带地区。叶片如柳似竹，红花灼灼，胜似桃花，花冠呈粉红至深红或白色，有特殊香气，对二氧化硫、二氧化碳、氟化氢、氯气等有害气体有很强吸收能力，是极具观赏价值的植物。种子可榨制润滑油。植株可入药，具有强心利尿、祛痰定喘、镇痛、祛瘀等功效，可用于治疗心力衰竭、喘息咳嗽、癫痫、跌打损伤等症，但夹竹桃的叶和茎皮有毒，误服过量夹竹桃会出现头痛、头晕、恶心、呕吐、腹痛、腹泻等中毒症状，严重时会导致死亡。

　　夹竹桃高达5米，无毛，茎直立、光滑，为典型三叉分枝。

叶3～4片轮生，在枝条下部为对生，窄披针形，全绿，革质，长11～15厘米，宽2～2.5厘米，下面呈浅绿色；侧脉扁平，密生而平行。花呈桃红色或白色，聚伞花序顶生，花冠漏斗形，有红、白两种，单瓣、半重瓣或重瓣，有香气，花萼直立。蓇葖果矩圆形，长10～23厘米，直径为1.5～2厘米。种子顶端具黄褐色种毛。花期6～10月，果期12月至翌年1月。常见栽培变种有：白花夹竹桃，花呈白色、单瓣；重瓣夹竹桃，花呈红色、重瓣；淡黄夹竹桃，花呈淡黄色、单瓣。

叶　　插

　　一些植物的叶和叶柄能产生不定芽，利用这一特性进行扦插的方法称为"叶插"，叶插分为全叶插和片叶插两种。能够进行叶插的植物多是多肉植物，叶片肥厚，例如十二卷、豆瓣绿、虎尾兰、景天等植物。

枝　　插

　　枝插是指用植物枝条的一段作为插穗的扦插方法，根据插穗的种类分为绿枝插和硬枝插两种，应用非常普遍。玫瑰、金银花等植物都可以进行枝插。

根　　插

　　根插是指用植物根的一段作为插穗的扦插方法，一般选择粗0.5～1.5厘米的根，剪去5～15厘米长的一段作为插穗。枝插成活困难，根插成活容易的树种包括枣、柿、核桃、山荆子、苹果等。

嫁接繁殖

　　嫁接繁殖是植物无性繁殖方法之一，是指将植物体的一部分（接穗）嫁接到另外一个植物体（砧木）上，这两部分植物体的组织相互愈合后，培养成独立的植物体的繁殖方法，可用于繁殖果树、林木、花卉、瓜类蔬菜等。砧木将吸收的养分和水分输送给接穗，接穗把同化后的物质输送给砧木，接穗和砧木形成共生关系。

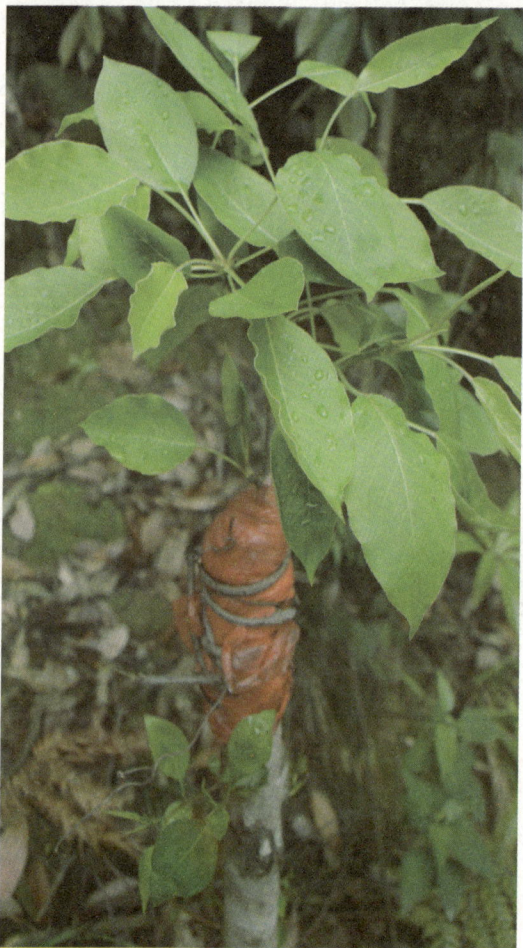

　　与用种子繁殖的植物相比，采用嫁接繁殖的植物能够提早开花，能保持接穗的优良品质，植物的抗逆性提高。扦插难以生根和难以得到种子的植物应该采用嫁接繁殖的方法。嫁接繁殖分为枝接和芽接两大类。枝接春、秋均可进行，而以春季嫁接成活率较高；芽接以夏季进行为宜。

嫁接

共生关系

共生关系是指生存在一起的两种生物，彼此互利，缺少任何一种，另一种都不能生存的种间关系，按照共生的位置分为外共生和内共生两种。地衣就是由藻类植物和菌类植物共生而形成的。

同化作用

同化作用是新陈代谢的一种，是指生物把从外界获取的营养物质转变成自身物质，贮存能量的过程，包括自养型和异养型两类。光合作用是植物典型的同化作用。

抗　逆　性

抗逆性是指植物具有的抵抗不利生存环境的一些性状，是长期自然选择的结果，源于基因突变，它可分为避逆性和耐逆性两类，包括抗寒性、抗旱性、抗涝性、抗盐性、抗倒伏性等。

嫁接的植物

压条繁殖

压条繁殖是指将接近地面的枝条压入土中，或在枝条的基部堆土，促使土壤中的枝条生根，等到植物生根后，将植株剪断，重新栽植成独立的新植株的繁殖方法。较高的枝条采用高压法繁殖时，用湿润的土壤或青苔包裹枝条，包裹前将枝条割伤，给予植物一个适宜生根的环境，等到根系从割伤处生长出来后，可从新发的根系的下部将新植株与母体剪断，重新栽植。新植株重新栽植后，应该暂时放置于背阴处，避免阳光直射，控制浇水，促进植物生长。许多植物采用扦插繁殖的方法不易生根，也不易产生种子进行种子繁殖，这类植物采用压条繁殖，能够获得自根苗，植物容易成活，能保持原有品种的特性。不同的植物压条生根的时间不同，一年生枝条容易生根。很多温室栽培的木本植物适合采用压条繁殖，如叶子花、扶桑、变叶木、龙血树、朱蕉、露兜树、白兰花、山茶花等。

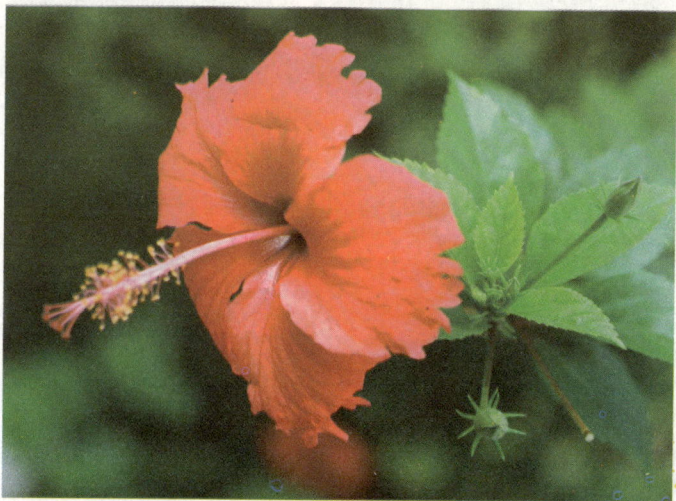

扶桑

三 角 梅

三角梅，又名叶子花、三角花、九重葛，为常绿灌木，属于紫茉莉科叶子花属。花呈黄绿色，看起来像叶子；苞片分为单瓣和重瓣两种，呈红色、橘黄色、紫色、乳白色，看起来像花瓣，是主要观赏部位。

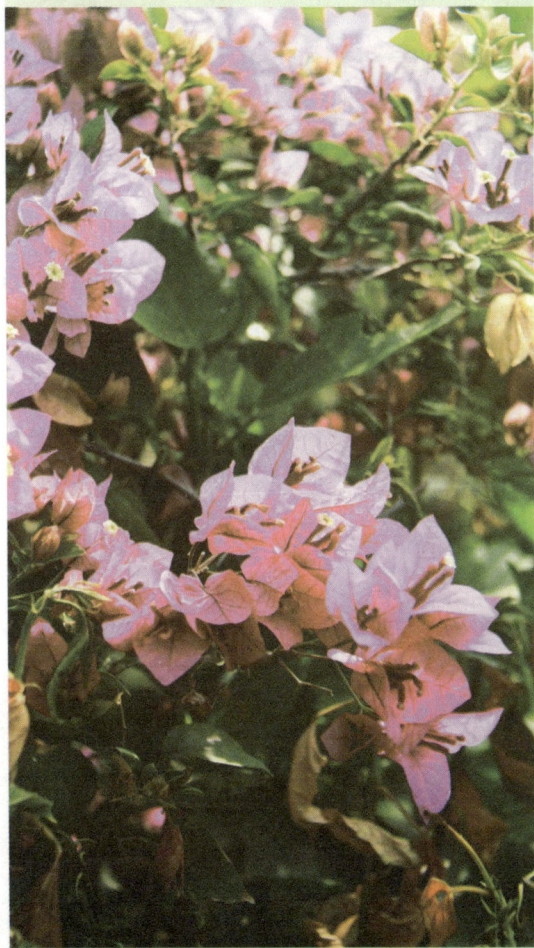

三角梅

扶 桑

扶桑，又名朱槿、大红花，为常绿灌木或乔木，属于锦葵科木槿属。花喇叭状，呈红色、黄色、白色、粉色，分为单瓣和重瓣两种，花心由多枚小花蕊连接而成，终年开花，朝开暮落。

山 茶 花

山茶花，又名玉茗花，为常绿灌木或乔木，属于山茶科山茶属，是中国十大名花之一，也是中国传统的观赏花卉。它分为单瓣类、半重瓣类和重瓣类，包括云南山茶、川山茶、金山茶等。

木本植物的食用价值

　　有许多木本植物的果实美味可口，富含营养物质，是生活中常见的水果，如梨、桃、木瓜、杏、柿、枣、李、山楂、海棠果、苹果、桑、葡萄、板栗、榛、石榴、梅、无花果、香榧、山核桃、龙眼、橄榄、木菠萝、芒果、番木瓜、杨梅、枇杷、椰子等。有些木本植物的果实和种子富含淀粉，如栗、枣、栎、柿、榆、薜荔、银杏等。有些木本植物的叶、花和果风味独特，富含营养物质，是常见的蔬菜，如香椿、枸杞、木槿、玉兰、刺槐、榆等。有些木本植物是传统的药用植物，如银杏、侧柏、麻黄、牡丹、五味子、构树、木兰、枇杷、梅、枳、七叶树、刺楸、使君子、连翘、枸杞、杜仲、接骨木、金银花、槟榔、金鸡纳树、天竺桂、木莲、化香树、扶桑、夹竹

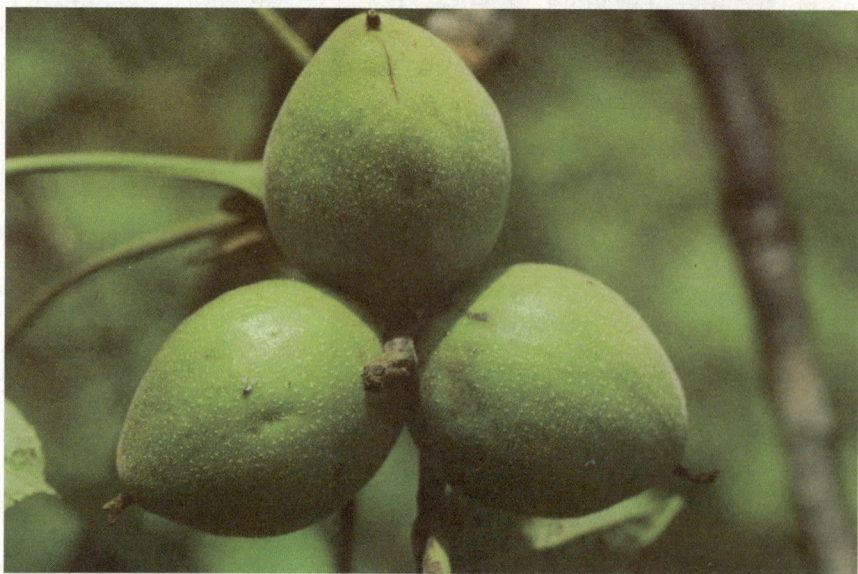

山核桃的果实

桃、佛手、迎春、九里香、女贞、六月雪、木棉、鸡蛋花、枫杨、刺玫、欧李、郁李、石楠、冬珊瑚等。有些木本植物富含糖分，可提制砂糖，如糖槭、复叶槭、刺梨、金樱子等。有些木本植物含有特种成分可供饮用，如咖啡、可可、柿叶、茶树等。

龙　眼

　　龙眼，又名桂圆、益智，为常绿乔木，属于无患子科龙眼属。内果皮肉质，呈乳白色，晶莹剔透，含有多种维生素，可以食用。果核、叶、花、根均可入药。龙眼还是一种优良的蜜源植物。

山楂

香　椿

　　香椿，又名香铃子、山椿，为落叶乔木，属于楝科香椿属。嫩芽营养丰富，可以食用，还可以入药，能够治疗胃痛、风湿痹痛等。中国从汉代就开始食用香椿芽。

五味子

　　五味子，又名玄及、会及、五梅子，属于五味子科五味子属。果实为小浆果，呈红色，可以入药，具有滋补强身的功效。在《新修本草》《本草纲目》等古籍中均有五味子的记载。

梨

　　梨，属于蔷薇科梨属，为落叶乔木，主要品种有秋子梨、白梨、沙梨、洋梨四种。中国是梨属植物中心发源地之一。梨具有降血压、清热的功效，梨皮、叶、花、根均可入药，具有润肺、消痰、清热、解毒等功效。梨酸甜可口，富含糖、蛋白质、脂肪、碳水化合物和维生素，具有助消化、润肺清心、消痰止咳、退热、解毒疮的功效，可以加工制作梨干、梨脯、梨膏、梨汁、梨罐头等，也可用来酿酒、制醋。梨木细致，软硬适度，是雕刻印章和制作高级家具的原料。

　　梨根系发达，垂直根深可达2～3米以上，水平根分布较广；主干在幼树期树皮光滑，树龄增大后树皮变粗，纵裂或剥落；嫩枝无毛或具有茸毛，后脱落。2年生以上枝呈灰黄色至

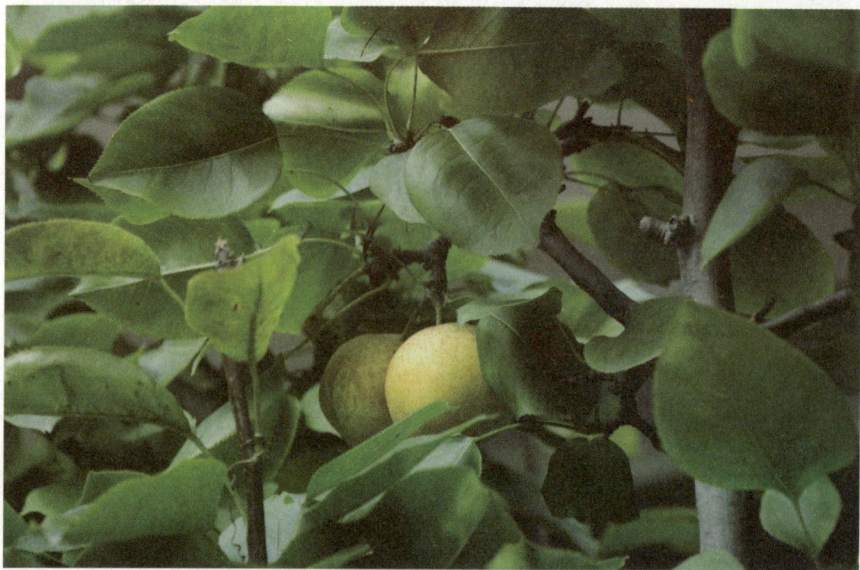

紫褐色；冬芽具有覆瓦状鳞片，花芽较肥圆，呈棕红色或红褐色，稍有亮光，一般为混合芽；叶芽小且尖，呈褐色。单叶，互生，叶缘有锯齿，托叶早落，嫩叶呈绿色或红色，展叶后转为绿色，叶形多数为卵形或长卵圆形，叶柄长短不一。花为伞房花序，两性花，花瓣近圆形或宽椭圆形；子房下位，3～5室，每室具胚珠2枚。果实有圆形、扁圆形、椭圆形、瓢形等；果皮分黄色或褐色两大类，黄色品种上有些阳面呈红色；秋子梨及西洋梨果梗较粗短，白梨、沙梨、新疆梨类果梗一般较长；果肉中有石细胞，内果皮为软骨状。种子呈黑褐色或近黑色。

果　脯

　　果脯，又称为"蜜饯"，是将水果和蔬菜用糖、蜂蜜腌制后制成的传统食品，浅黄色至橘黄色，酸甜可口。常见的果脯包括苹果脯、杏脯、梨脯、桃脯、乌梅脯、枣脯、海棠脯等。

果　汁

　　果汁是将水果经过压榨、萃取后制成的液体，富含营养物质，易吸收、消化。它可分为澄清果汁和混浊果汁两大类。常见的果汁包括苹果汁、橘汁、桃汁、西瓜汁、草莓汁、蓝莓汁等。

果　醋

　　果醋是用水果酿制而成的液体，营养丰富，含有多种有机酸和氨基酸，能够调节人体的酸碱平衡，促进新陈代谢。常见的果醋包括苹果醋、山楂醋、葡萄醋、梨醋、猕猴桃醋等。

木本植物的加工价值

鸡蛋花

　　有些植物果实的种子富含油脂，能够炼油，如松属、椴属、胡桃属、山核桃属、榛属、山杏、扁桃（巴旦杏）、花椒属、乌桕属、漆树属、黄连木、栾树、山茶属、沙棘、油桐属、文冠果、重阳木、元宝枫、茶条槭、无患子、毛叶山桐、油棕、油橄榄、乌榄等。

　　有些植物的茎干富含纤维，能够用于编织、造纸、纺织，如杨属、榆属、刺槐、桑属、构树、柘树、椴树、云杉属、辽东冷杉、朴属、枫杨、化香、梧桐、榕属、榉属，紫穗槐、荆条、胡枝子、南蛇藤、木槿、木芙蓉，雪柳、络石、杠柳、棕榈、木棉、结香、芫花、剑麻、龙舌兰等。

　　有些植物能够提炼芳香油，具有较高的经济价值，如茉莉、含笑、白兰花、珠兰、桂花、素馨、鸡蛋花、山鸡椒、山胡椒、木姜子、香薷属、芸香、柑橘属、花椒、柠檬桉、细叶桉、桂香柳、刺槐、紫穗槐、樟树、檫木、台湾相思、肉桂、月桂、八角茴香、香水月季、薰衣草、黄荆等。

有些植物富含树脂和树胶，如松类、柏类、杉类、桃、山桃、枫香、木蜡树、漆树、栾树、猕猴桃、华东楠、香椿等。

无 患 子

无患子，属于无患子科无患子属，为落叶乔木。植株高达25米，双数羽状复叶互生，圆锥花序顶生及侧生，花冠呈淡绿色。

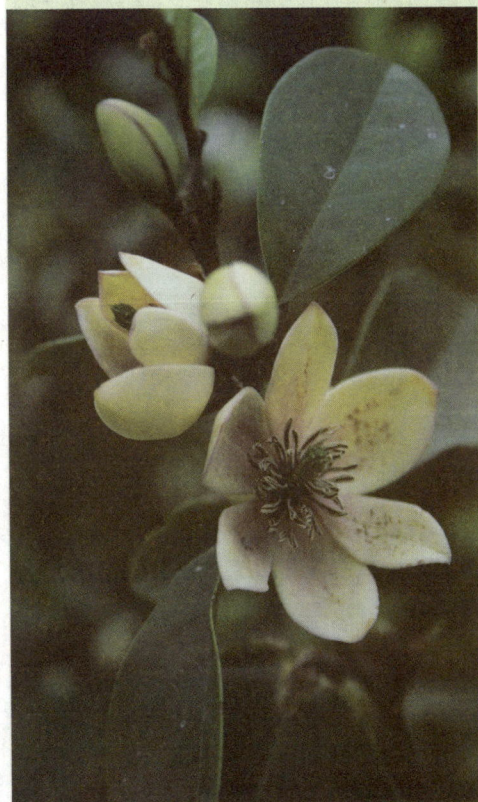

含 笑

含笑为常绿灌木或小乔木，属于木兰科含笑属。花小型，呈淡黄色，边缘常带有紫晕，花香沁人心脾，能够提取香精油，是重要的香料植物。

月 桂

月桂，为常绿灌木或小乔木，属于樟科月桂属，适合生存于亚热带地区。叶和枝有香味，可以提取香精油。甜月桂的叶可以作为调味料食用。在古时，奥林匹克的获胜者的桂冠就是用月桂的枝叶编制而成。

含笑

木 棉

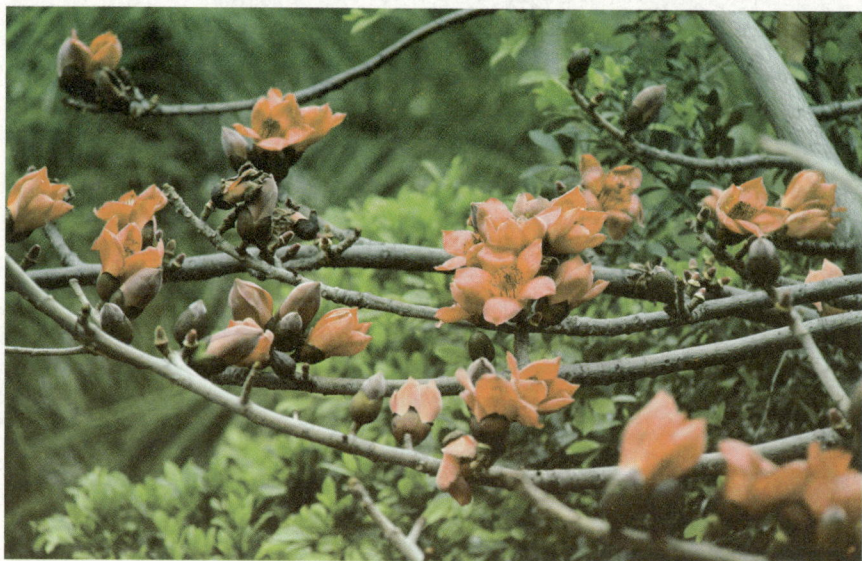

木棉

　　木棉，属木棉科木棉属，为落叶大乔木，原产于印度，在中国分布于四川南部、云南、贵州、广西、广东、海南等地。木棉每年2～3月先开花，后长叶，树形高大，枝干舒展，花红如血，硕大如杯，春天时，一树橙红，盛开时叶片几乎落尽，远观好似一团团在枝头尽情燃烧、欢快跳跃的火苗。木棉为速生树种，材质轻软，可制作蒸笼和包装箱。花、树皮和根皮可入药，具有祛湿、清热、利湿、活血、消肿的功效，可用于治疗慢性胃炎、胃溃疡、泄泻、痢疾、腿膝疼痛、跌打损伤等症。

　　木棉高达40米，树干直，树皮呈灰色；枝干均具短粗的圆锥形大刺，后渐平缓成突起，枝近轮生，平展。掌状复叶互生，总叶柄长15～17厘米；小叶5～7枚，长椭圆形，长10～20

厘米，两端尖，全缘，无毛。花大，直径约12厘米，呈红色，聚生近枝端，春天先叶开放；花瓣5枚，肉质，椭圆状倒卵形，长约9厘米，外弯，边缘内卷，两面均被星状柔毛；雄蕊多枚，合生成管，排成3轮，最外轮集生为5束。蒴果大，椭圆形，木质，外被绒毛，成熟时会自动裂开，里头充满了棉絮，内壁有白色长毛。种子多数，倒卵形，呈黑色，光滑，藏于白色毛内。

榴　莲

　　榴莲，又名留恋、麝香猫果，为常绿乔木，属于木棉科榴莲属。果实较大，球形或椭圆形，果皮坚硬，果肉呈淡黄色，具有特殊的味道，酸软味甜，富含营养物质，被誉为"水果之王"。

轻　木

　　轻木，又名百色木，为常绿乔木，属于木棉科轻木属，适合生于热带地区。干燥的轻木浮力较大，弹性和绝缘性都非常好，适合制造救生圈、包装箱、隔热材料、模型等。种子外面密被绒毛。

瓜　栗

　　瓜栗，俗名发财树、中美木棉，为常绿乔木，高8～15米，属于木棉科瓜栗属。叶子为掌状复叶，小叶5～7枚；花大型，呈红色、白色或淡黄色，具有极高的观赏价值，是常见的盆栽植物。

榴莲

115

木本植物的生态价值

　　木本植物通过光合作用吸收二氧化碳，放出氧气，增加了空气中的氧气含量，阔叶植物的光合作用的能力强于针叶植物。木本植物的蒸腾作用，能够提高空气湿度，减少空气中尘埃的含量，降低噪音，如圆柏、刺槐、大叶黄杨。有些植物能够杀灭细菌和真菌，如侧柏、柏木、圆柏、欧洲松、铅笔桧、杉松、雪松、柳杉、黄栌、盐肤木、大叶黄杨、桂香柳、胡桃、月桂、欧洲七叶树、合欢、树锦鸡儿、刺槐、槐、紫薇、广玉兰、木槿、楝、大叶桉、蓝桉、柠檬桉、茉莉、女贞、洋丁香、悬铃木、石榴、枣、水枸子、枇杷、石楠、狭叶火棘、麻叶绣球、枸橘、银白杨、钻天杨、垂柳、栾树、臭椿。有些植物能够吸收有毒气体，减少空气中有毒物质的含量，改善空气质量，如松属、忍冬、臭椿、美青杨、卫矛、旱柳、山桃、榆、锦带花、花曲柳、水蜡、连翘、皂角、丁香、山梅花、圆

薄叶山梅

柏、胡桃、刺槐、桑、银柳、银杏、黄檗、连翘、银桦、悬铃木、柽柳、君迁子、泡桐、梧桐、大叶黄杨、女贞、榉树、垂柳。

悬铃木

悬铃木为落叶乔木，属于悬铃木科悬铃木属。树形高大，枝繁叶茂，适合作行道树和庭荫树，主要包括一球悬铃木、二球悬铃木和三球悬铃木，其中三球悬铃木就是著名的法国梧桐。

卫矛

卫矛，又名鬼箭羽、六月凌、四面戟、见肿消，为落叶灌木，属于卫矛科卫矛属。嫩叶呈紫红色，叶子经霜后也变成紫红色，果实呈紫色，宿存，适合群植观赏。果实可以入药。

梧桐

梧桐，又名青桐、桐麻，为落叶大乔木，高达15米，属于梧桐科梧桐属。树干挺直，树皮呈绿色，适合做行道树。种子、花、叶、根均可入药。

梧桐

女　贞

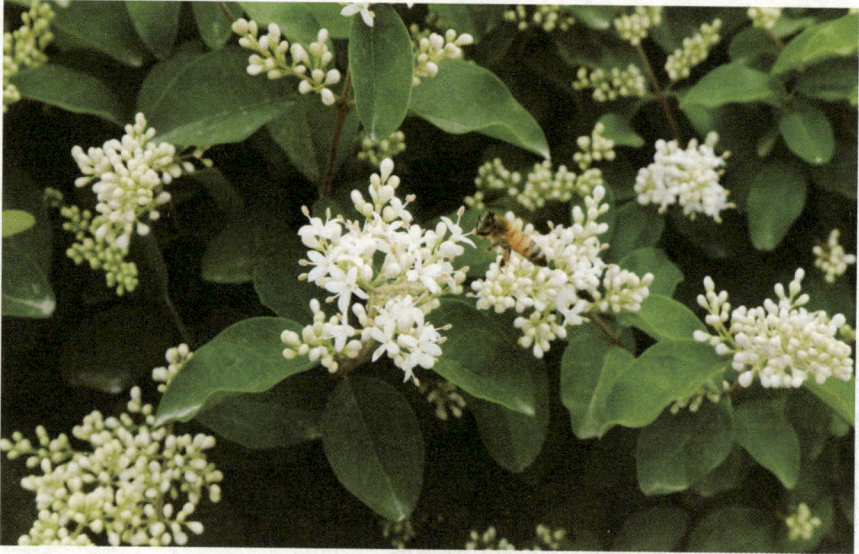

女贞

女贞，又名女桢、女贞实、桢木、冬青、蜡树、将军树等，属于木樨科女贞属，为常绿灌木或小乔木，原产于中国。女贞能耐低温，适应性强，生长快又耐修剪，是北方绿篱应用较多的树种。女贞对大气污染的抗性较强，对二氧化硫、氯气、氟化氢及铅蒸气均有较强抗性，也能忍受较高的粉尘、烟尘污染。女贞枝叶茂密，树形整齐，是园林中常用的观赏树种。叶片经过24小时的浸渍后，可用蒸馏法提取清香的水杨酸甲酯，具有收敛、利尿、兴奋等功效，可用来治疗肌肉疼痛。果实可入药，称为"女贞子"，具有滋补肝肾、明目乌发等功效，可用于治疗眩晕耳鸣、目暗不明、须发早白和牙齿松动等症。

女贞须根发达，株高6米左右，树冠卵形；树皮呈灰绿色，平滑不开裂；枝条开展，光滑无毛。单叶对生，叶革质而脆，卵形、宽卵形、椭圆形或卵状披针形，长5～14厘米，宽3.5～6厘米，无毛，先端渐尖，基部楔形或近圆形，全缘，表面呈深绿色，有光泽，无毛，叶背呈浅绿色，革质。花呈白色，密集成顶生的圆锥花序，花序长12～20厘米。核果矩圆形，微弯曲，呈紫蓝色，长约1厘米，果实成熟时呈深蓝色。花期6～7月，果熟期10～11月。

丁　香

丁香，为落叶灌木或小乔木，属于桃金娘科蒲桃属。花筒细长如钉，多枚组成圆锥花序；花呈白色或紫色，具有较高的药用价值，可以提取香精油，是多种香水的重要组成成分。

素　馨

素馨，又名素英，为常绿亚灌木，属于木樨科素馨属。花冠筒长，多枚小花组成聚伞花序；花呈白色或黄色，具有清新的花香。采摘含苞欲开的花蕾，阴干后，可与茶叶一同制作花茶。

流苏树

流苏树，又名乌金子、茶叶树，为落叶乔木或灌木，属于木樨科流苏树属，是中国特有的珍贵树种。花呈白色，聚伞花序顶生，每年4～5月开花。开花时，满树白花，极具观赏价值。

榉　树

　　榉树，为乔木，树体高大雄伟，盛夏绿荫浓密，秋叶红艳，是观赏秋叶的优良树种。植株适应性强，幼时生长慢，6～7年后渐快，是适合造林的优良树种。植株新绿娇嫩、萌芽力强是制作树桩盆景的好材料。植株喜光略耐阴，喜温暖气候和肥沃湿润的土壤，耐轻度盐碱，不耐干旱瘠薄，抗风强，耐烟尘，抗污染。榉树木材纹理细，质坚，能耐水，供桥梁、家具用材；茎皮纤维制人造棉和绳索。树皮、叶入药，具有清热的功效，可以用于治疗感冒、头痛、肠胃实热、痢疾等症，叶可治疗疮等症。

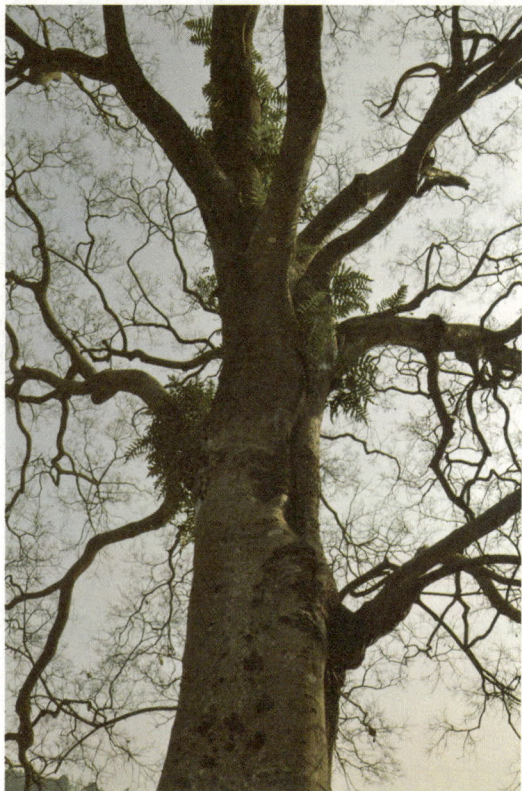

　　榉树根细长且韧，株高达15米；树皮呈灰色或红棕色；幼枝有白柔毛。单叶互生，叶厚纸质，长椭圆状卵形或椭圆状披针形，长2～10厘米，宽1.5～4厘米，边缘有钝锯齿，侧脉7～15对，表面粗糙，有脱落硬毛，背面密生柔毛，叶缘单齿弧

黄檗

状，近似桃形，叶柄长不足1厘米。花单性（少杂性）同株；雄花簇生于新枝下部叶腋或苞腋处，雌花单生于枝上部叶腋处。核果上部歪斜，直径为2.5～4毫米。花期4月，果熟期10～11月。

大 叶 榉

大叶榉，为落叶乔木，属于榆科榉属，是国家二级保护树种，抗风、抗烟尘、抗二氧化硫，耐涝，有净化空气的作用，是优良的绿化树种。木材纹理直，抗压力强，耐腐朽，适合制作家具。

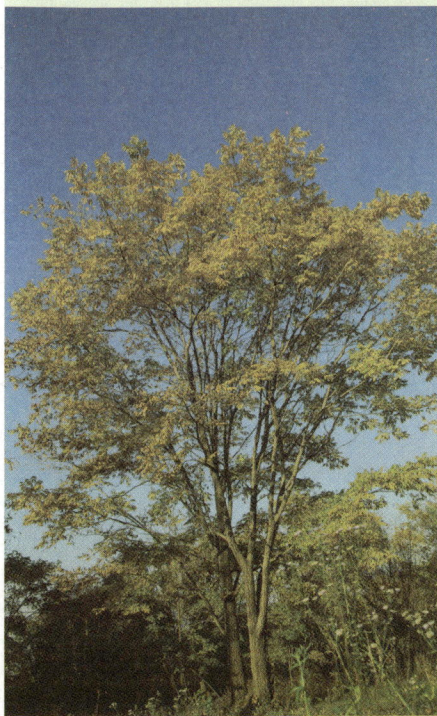

山毛榉

光 叶 榉

光叶榉，为落叶乔木，高达30米，胸径达100厘米，属于榆科榉属。当年生枝呈紫褐色或棕褐色；树皮呈灰白色或褐灰色；叶呈绿色，干后变成深绿色，适合作行道树，小型植株适合制作盆景。

小 叶 榉

小叶榉，又名榆榔树，为落叶乔木，高达20米，属于榆科榉树属，喜生于石灰质土壤中，树形优美，枝叶细密，适合作行道树、庭荫树，小型植株适合制作盆景。

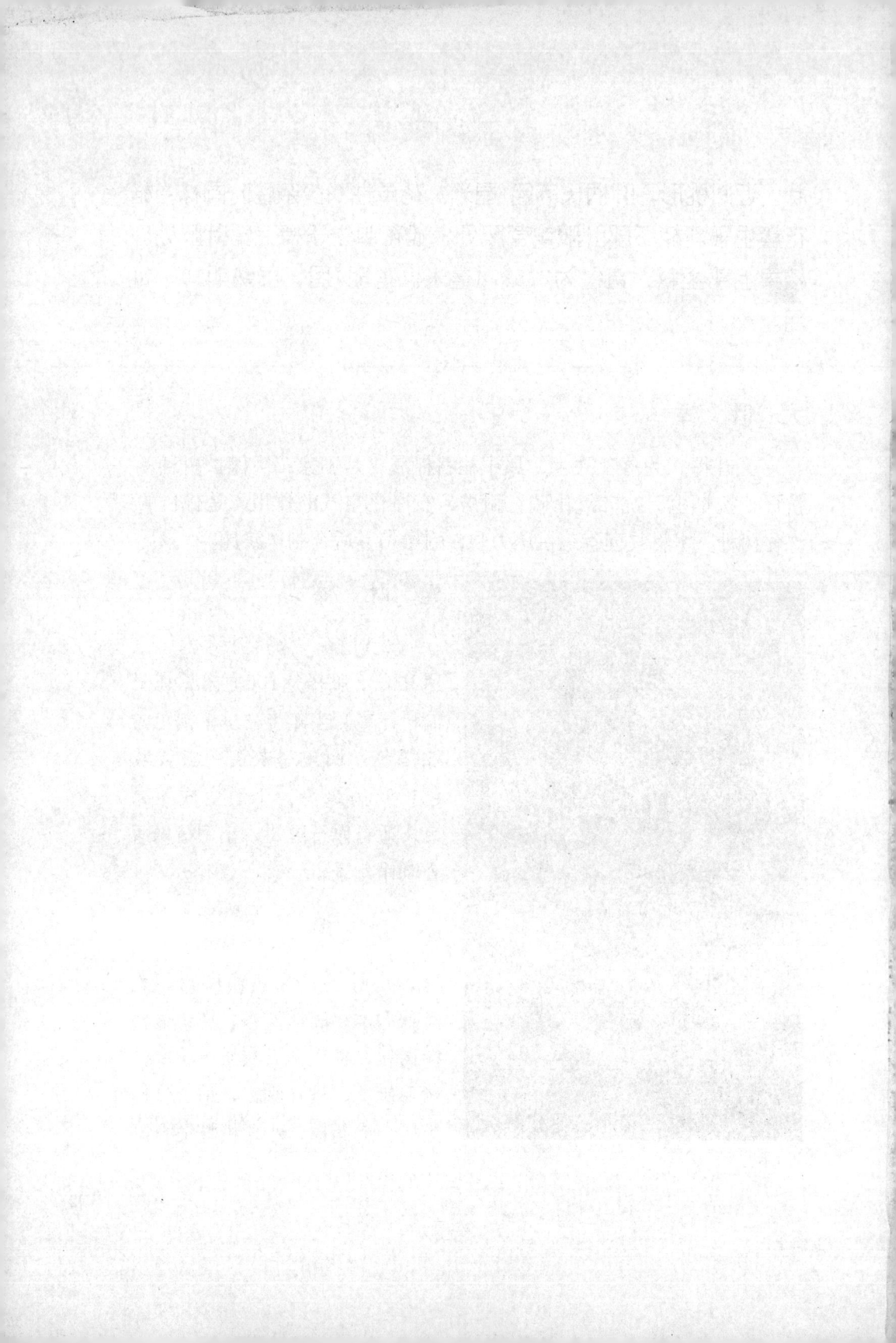